U0281619

MATH ART

数学艺术

真实 · 美丽 · 平衡

[美] 斯蒂芬·奥内斯 著

杨大地 译

重庆大学出版社

目录

◀ 1970 年克罗克特・约翰逊的绘画作品《化圆为方问题的解》，来源于艾萨克・牛顿的创意。

致 谢

感谢那些多次与我分享他们的时间、艺术和故事的数学家和艺术家们，没有他们，这本书不可能问世。我也非常感谢我的妻子凯特，她心甘情愿和不厌其烦的安排，给了我写作和修改的空间。还有我的孩子们，感谢他们的激情、热望和创意。

我很幸运能和优秀的编辑们合作。斯特林出版社的梅雷迪思·黑尔（Meredith Hale）的编辑才能与她的耐心相得益彰，她自始至终对这个项目进行了指导。太感谢了，梅雷迪思。数学家兼作家伊夫林·兰姆（Evelyn Lamb）在数学写作方面生动活泼，通俗易懂，感谢她的全力帮助指导，使我不至于在谈到数学时犯明显的错误。此外我还要感谢那些多年有幸与之合作的，优秀的杂志和网站的所有编辑们。

朋友和家人们阅读了本书不同章节的早期草稿，并提供了坦率的反馈，谢谢你们花费的时间和宝贵的意见。特别要感谢我的父母，还有艾玛·马里斯（Emma Marris）、弗兰克·科利（Frank Corley）、瑞安·摩尔（Ryan Moore）和霍莉·科尔贝（Holly Korbey），他们耐心地阅读了我出版的所有作品。

本书中的脚注，如无特殊说明，均为译者注。

引 言

只有欧几里得才能赤裸裸地看待美

——埃德娜·圣·文森特·米莱（EDNA ST. VINCENT MILLAY）

2013 年春天，伦敦大学的神经科学家说服 15 名当地数学家参加了一项古怪的实验。数学家们被要求躺在一部奇怪的机器里。这是一台功能性磁共振成像仪，一台发出噪声的大脑扫描器，看起来像一个巨大的太空时代的甜甜圈。让数学家们躺在其中，盯着一堆数学方程式，用仪器进行脑部扫描。

实验发现，当这些数学家盯着方程式时，他们大脑中被称作眼窝前额皮层的部分，出现亮度增加。（眼窝前额皮层位于大脑的前部， 就在你的前额后面）。而在以前的研究中曾发现，当人们看图画，听音乐，或看到美丽面孔的照片时，脑部眼窝前额皮层部分也会亮起来。这项研究表明，这些数学方程式，对于能读懂它们的人来说，会激活大脑中与艺术和美联系在一起的同一部分。

你可能会争辩说，难道美也能测量吗，功能性磁共振成像仪也会有缺陷吧。并不是只有你一个人这样质疑，那些试图量化美的人总是会遇到各种阻力的。当这一研究结果于 2014 年 2 月在学术期刊《人类神经科学前沿》发表之后，一位神经学家对《科学美国人》杂志说："美这个概念对当代神经科学研究来说是十分烦恼的事"，但不管怎么说我们还得继续研究下去。

神经科学家也向非数学家展示了同样的方程式。他们中大多数看不懂方程式，如预料的一样，他们脑部没有激起情绪反应。当然很难从功能性磁共振成像仪的小规模的研究中得出确切的结论，但这个实验终归是探讨了一个有趣的问题。

数学家真能从这些数学符号中体验到旁人不能体验的东西吗？

数学具有内在的美，它的真理是永恒的。我们大多数人都在学校学过几何学，我们知道，圆的周长与其直径之比值总是恒定的，这跟圆的大小或是否有印第安纳州的法案支持无关（见第 24 页）。还有，直角三角形的两个短边的平方之和等于最长边的平方。我们还知道，素数的数量是无穷多的。还有，不管如何努力，你都找不出三个正整数 x、y、z，满足方程：$x^3+y^3=z^3$。

数学家们经常引用这些案例并用它们来证明数学的“美丽”或“优雅”，但非数学家可能会对这些数学描述感到头痛。而数字或三角学真的会有“美感”吗？我们会用眼睛欣赏视觉艺术，用耳朵聆听音乐，从而感受到“美”，也许数学之美更像诗歌。不是因为它能表现真理，而是因为这些符号会以一种特定的安排方式，通过我们的眼睛或耳朵进入我们的大脑，在那里它们相互碰撞和激荡，产生某种情绪或灵感，像解决了谜题一样刺激。如同我们欣赏兰斯顿・休斯（Langston Hughes）、玛丽・卡尔（Mary Karr）和华莱士・史蒂文斯（Wallace Stevens）* 的作品一样，欧几里得对素数无限性的证明，毕达哥拉斯的直角三角形定理和艾米・诺特（Emmy Noether）建立的数学对称性和物理守恒定律之间的联系，都让人感到优雅而美丽。

不幸的是，对那些对数学不感兴趣或完全没有关联的人来说，这种美的享受往往是无法获得的。也许有很多原因——你可能被告知不够聪明，不够阳刚，还可能是因为教育过程的乏味，或者是上学时对这门学科天生缺乏兴趣，我们中的许多人在数学上没有得到足够的教育，从而没能感受到其最美的部分。这太遗憾了，因为数学是一个极具创造力的领域。

但希望总是存在的。有这么一些人，当他们深入神秘的数学思想之中时，他们会勃发出狂热的难以预料的冲动。他们想要创造些什么，于是他们用雕刻、绘画、纺织和编织等方式，把抽象的概念化身为实体。但他们描述问题时，却用的是几何、代数和集合论等数学的语言。

这些就是我为写作本书找来采访的人。我询问了他们的灵感，他们的成功和挫折。我想从采访中知道：当你从数学中获得艺术灵感时，你想创造些什么？这些长达数小时的谈话都有一些共同点。许多艺术家描述他们的创作过程更类似于发现而不是发明。他们觉得在某种程度上，他们确实给物质形式赋予了一些宏大、深刻而永恒的理念和关联，但这些东西进入他们的思想之前就早已经存在。从这些持续而有益的访谈中，我意识到数学艺术与其说是一种明确的定义，不如说是一场公开的争论。

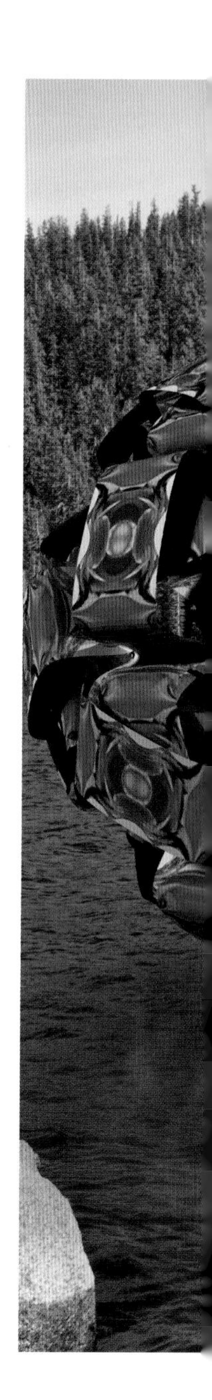

* 这三人都是美国著名诗人或作家。

▲ 弗兰克·法里斯的作品《柏拉图的帆船》，其中超自然的帆船表现了三种正多面体中的对称性。

许多数学家在精神层面上认可数学艺术家们工作的价值。数学家莫里斯·克莱因（Morris Kline）在《为非数学家写的数学》一书中写道："也许把数学看作一门艺术的最好理由，不仅是因为它为艺术创作提供了源头，更多的是它为艺术创作提供了精神价值，它让人们触摸到最热烈的祈愿和最崇高的目标，提供人们智力上的乐趣，以及破解宇宙之谜的欢欣之情。"

借用抽象派画家多萝西娅·洛克伯尼（Dorothea Rockburne）问我的一个问题："有谁不爱我们的宇宙，并想弄清楚它是如何运行的呢？"

如果在数学和艺术中非要二选一的话，这里有些人选择了"不选择"。

数学家创作艺术，或者艺术家从数学中寻找灵感，这都不会令人惊讶。数学和艺术从来都不是相互独立存在的。柏拉图在《菲利布篇》中说，苏格拉底认为直线和圆，以及由它们构成的多面体，有"永恒和绝对的美"。希腊神庙造型中蕴含了匀称的数学比例和无理数的概念。阿尔罕布拉宫是西班牙安达卢西亚的一处庞大的宫殿群，这是一座名副其实的伊斯兰艺术博物馆。它的墙上、地板和房间的天花板上都镶嵌着交错的几何图案。荷兰美术家M.C. 埃舍尔（M. C. Escher）从中得到启发。这些造型在他的脑海中萦绕，促使他创造出了异想天开的镶嵌图案，而这些打破常规的超乎人们想象的图案最终都由数学线条组成。

数学艺术家们往往会找到他们自己的群落。国际数学家大会是规模最大的数学会议，每四年举行一次，并同时举办一次艺术展览。20 世纪 90 年代初，纽约州立大学奥尔巴尼分校的数学艺术家纳特·弗里德曼（Nat Friedman）为数学艺术家组织了一系列会议。雕塑家芭丝谢芭·格罗斯曼（Bathsheba Grossman）到场。"我们都流出了喜悦的泪水，因为我们并不孤独。"她对我说。1998 年马里兰州陶森大学数学家兼艺术家瑞扎·萨兰吉（Reza Sarhangi），在堪萨斯州温菲尔德的西南学院组织了一次会议，庆祝数学与艺术的交融。这标志着"桥梁组织"* 的建立，该组织旨在吸引数百名数学艺术爱好者参加其年会。"桥梁组织"每年的年会还包含了画廊展览。

今天的数学艺术世界更是百花齐放，令人振奋，远远超出了埃舍尔在阿尔罕布拉宫和古老神庙中发现的迷人的几何学。这些艺术品令人惊奇和新颖。它们已植根于我们自己的世界中。

---

* "桥梁组织"是一个数学艺术组织。它举办一年一度的桥梁会议，讨论艺术、音乐、建筑、教育和文化中的数学联系。它跟桥梁没有关系。

什么是数学艺术？一般来说，答案并不像数学概念那样定义得很明确。作为本书的目的，我把数学艺术限制在视觉作品上，这些作品是为它们的审美情趣而创作的，但同时又建立在数学严谨的根基之上。（这是一个有限的定义，通过互联网搜索，你可以很容易找到那些把数学变成诗歌、音乐或舞蹈的人。）

写这本书时，我订立了三个原则：

1. **以严谨的数学为基础**。选用的艺术作品都来自数学。当然，你可以为亚历山大·考尔德（Alexander Calder）的动感作品列方程式，也可以分析杰克森·波拉克（Jackson Pollack）绘画的分形维数。但那是学者和专家们的事，本书并不打算这样做。本书包含的作品并没有侧重数学解释，而是强调数学灵感的推动。一个在工作经验中有些数学概念的人——不必有多高深——都会为将数学概念转化为艺术而震撼，就像心灵被闪电所击中一样。

2. **写艺术为主，不仅仅是为了将其可视化**。可视化可以演示数学原理，但仅此而已，并没有更多的作用。我喜欢可视化，我一直敬佩数学家和数学老师们，他们创作了柏拉图多面体的纸或木头模型，或者制作各种精美的镶嵌图案。但我更关注的是那些超越了模型和可视化的人，是他们将可视化提升为艺术，给人们带来了享受美的可能性。正如当数学被编织到一块织物上时，就会展现一种美丽、典雅和真实的感觉。

3. **本书主要关注当前的数学艺术家的工作**。数学艺术不是现在才有的。达·芬奇和古希腊人就曾用数学来探索关于解剖的美学观点；喜爱黄金分割的人总是热烈地坚持认为帕特农神庙就用到了这样的思想（也有人十分反对）；几何关系和透视规则激励了中世纪的画家们，当然，还有上面提到的埃舍尔。但我更想写埃舍尔之后的数学艺术的文章。现在有更多新的、有趣的和更具有挑战性的作品，在数学和艺术的交叉点上浮现出来，这些前所未见的东西非常值得我们探究。

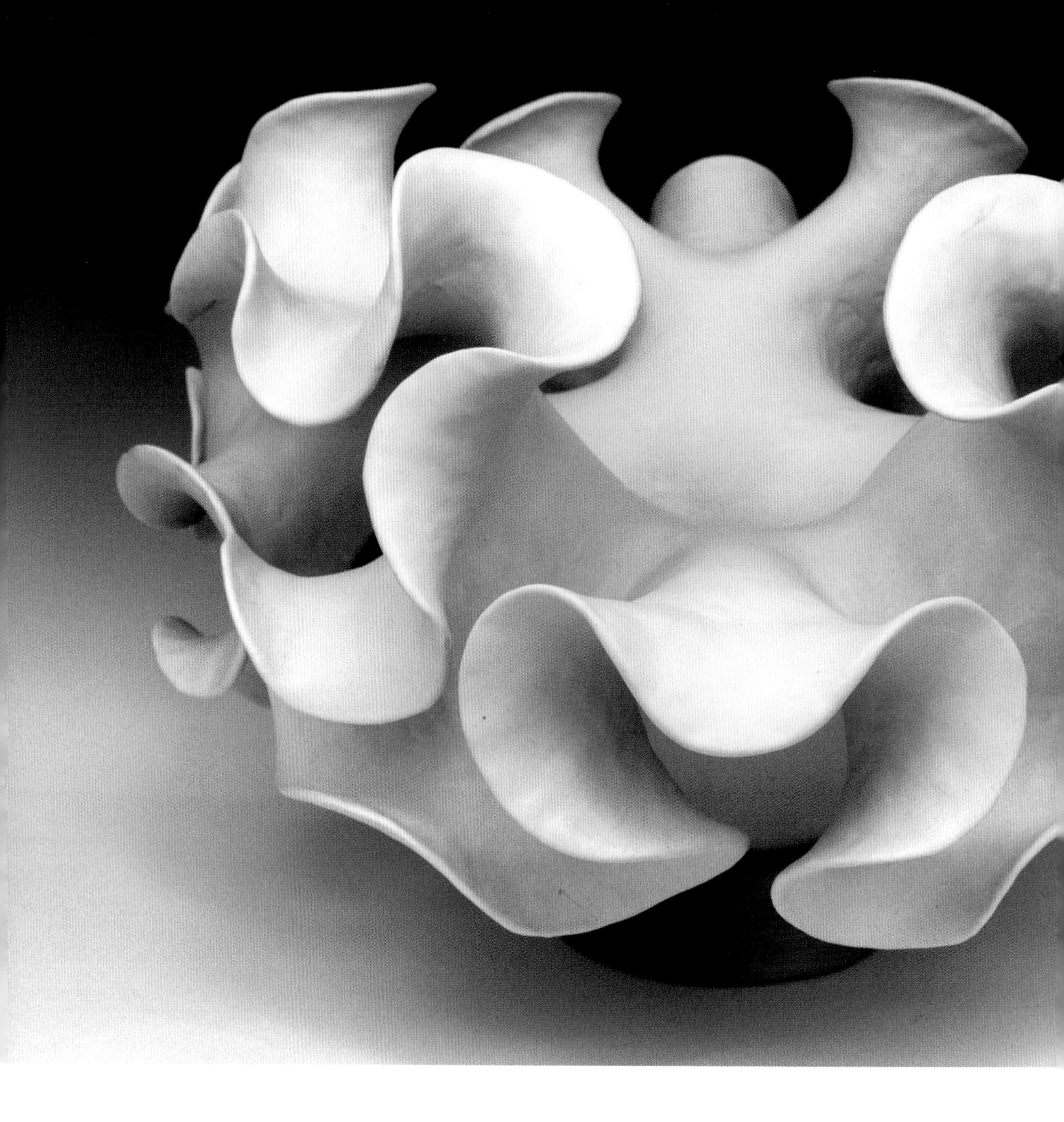

▲ 罗伯特·法索尔的《自相似曲面》具有三重周期对称和镜像对称，基于一种分形曲线的第三次迭代。

▼ 下一个跨页：一位艺术家描绘了一座抽象的分形立体“城市”。

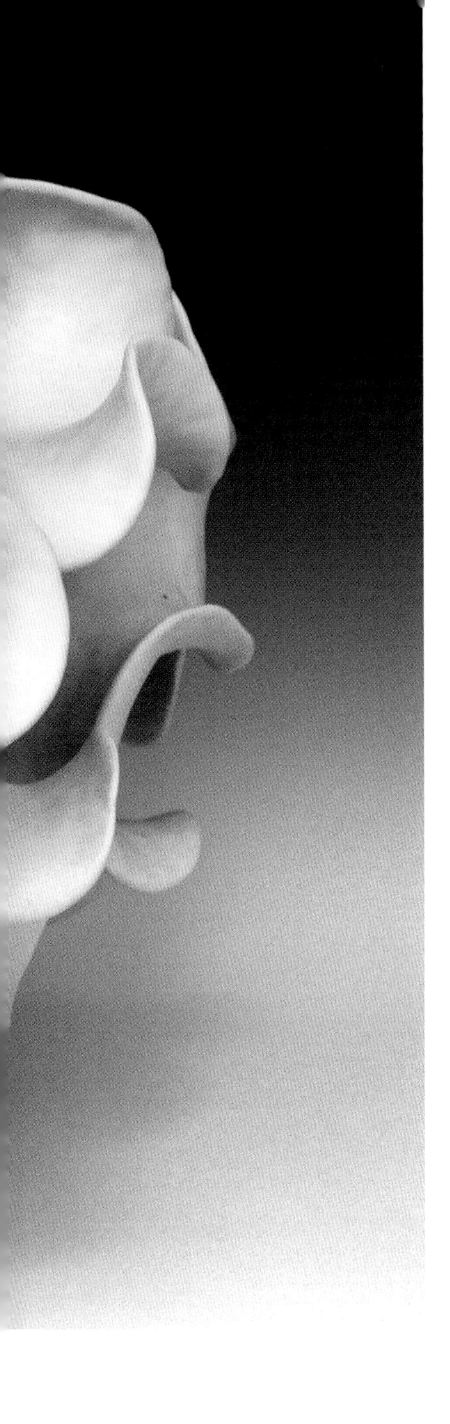

我偶尔也会在特殊情况下违反这些规则。我对艺术家的选择和我的数学讨论都是不全面的。在世界上有几十个，可能是几百个数学艺术家，正在给看不见的数学思想赋予可视特性，他们的工作并没有收入本书。他们在联合数学大会、桥梁会议、国际数学家大会（ICM）、对称节以及其他地方性展览中展示了他们令人惊叹的创作。

本书只是一本指南。如果你认为数学艺术是一片无限的森林，可以想象一下我们正在其中作一次短暂的徒步旅行，本书就像是一个执着而有点古怪的树木学家，正指着一些小树，为其树皮上弯曲的图案而惊叹。

这就是数学艺术！数学式的艺术，艺术式的数学，交叉路口上的美景！

英国数学家迈克尔·阿蒂亚（Michael Atiyah）在2008年写道："在白昼的太阳光下，数学家们检查他们的方程和证明，为验证其严谨性不惜一切代价；但在满月的夜色之下，他们也在梦想，他们漂浮在星空里，感受上天的奇迹，得到启迪。没有梦想，就没有艺术，没有数学，甚至没有生命。"

他们使无形的东西变成可见。他们在梦想，他们在建造，用石材、青铜和钢铁，用颜料、油漆和计算机绘图，用扑克牌、回形针、餐具和塑料。他们正在创造！

1
约翰·西姆斯 / 约翰·艾德马克 / 克罗克特·约翰逊
多萝西娅·洛克伯尼 / 乔治·哈特
John Sims / John Edmark / Crockett Johnson
Dorothea Rockburne / George Hart

第一篇

构建宇宙的感觉

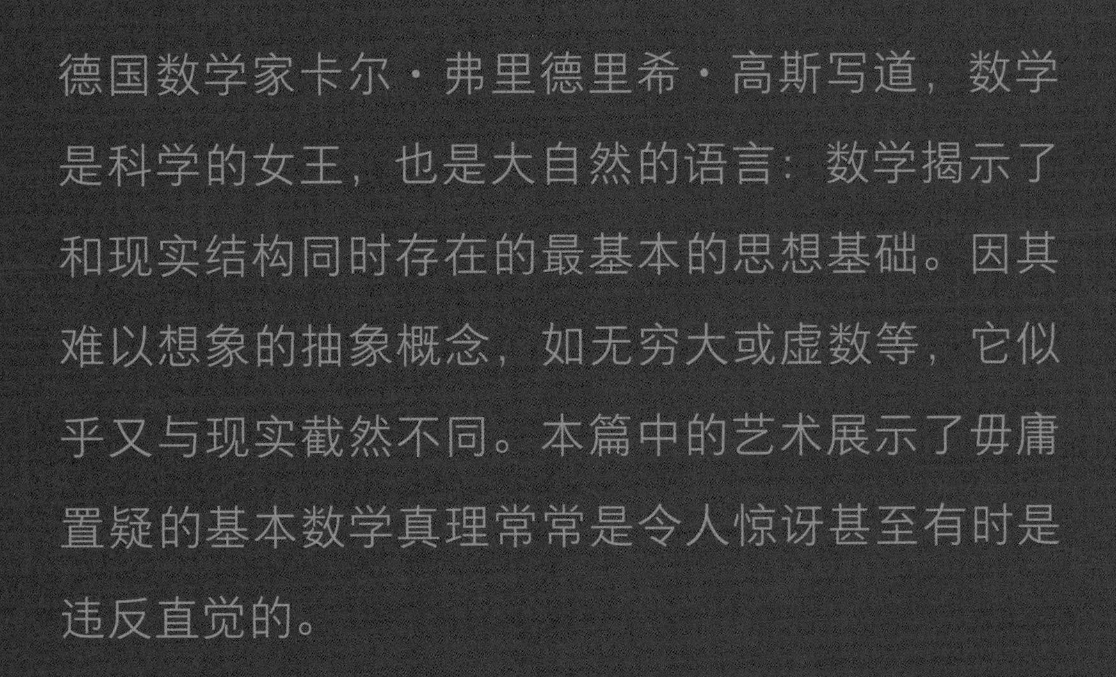

德国数学家卡尔·弗里德里希·高斯写道，数学是科学的女王，也是大自然的语言：数学揭示了和现实结构同时存在的最基本的思想基础。因其难以想象的抽象概念，如无穷大或虚数等，它似乎又与现实截然不同。本篇中的艺术展示了毋庸置疑的基本数学真理常常是令人惊讶甚至有时是违反直觉的。

▲ 约翰·西姆斯的被面图案之一《凝视 π》，小方格的颜色是由 π 中的十进制数字决定的。

第 1 章 π 的艺术

π 只是个数字。人们为什么对它如此痴迷呢？每年的 3 月 14 日，它的崇拜者们都会制作并食用馅饼，邮寄传递带圆圈的图片庆祝 π 日。π 是一个无理数，这意味着它的十进制形式小数永无休止而且绝不重复；每一个人，不管多么缺乏数学教育，都知道这个无理数。它的数字没有尽头永远持续，它蕴含着物理学最深层的奥秘。π 还是一座桥梁，连接着单调乏味的世界与无可争辩的抽象数学景观。

约翰・西姆斯

于是一位数学艺术家走进了皮克拉夫特一家卖被面的商店。

2005 年 3 月一个阳光明媚的早晨，一位数学家兼艺术家约翰・西姆斯走进阿尔玛・苏商店，遇见了女被面师艾拉・托伊（Ella Toy）。皮克拉夫特是佛罗里达州萨拉索塔附近的一个城市，是门诺派教徒和阿米什社区在美国的聚居地。住在那里的人们喜欢使用大型三轮车和高尔夫球车，认为这两种车比马和面包车更适合运输。阿尔玛・苏是个商店。这里除了销售布料、箱包和被子等用品外，还提供被子和缝纫服务，顾客在购买被子时可以现场观看缝纫过程。

西姆斯在 21 世纪初搬到萨拉索塔，为林林艺术设计学院的艺术系学生们设计并讲授

▲ 约翰·西姆斯的密友：约翰·柯蒂斯·施瓦辛格，非裔德国犹太人，数学艺术诗人。

数学课程。在他任职期间，他帮助策划了 2002 年数学艺术家海拉曼·弗格森（Helaman Ferguson）、多萝西娅·洛克伯尼、M. C. 埃舍尔、索尔·勒维特（Sol LeWitt）、托尼·罗宾（Tony Robbin）、芭丝谢芭·格罗斯曼（Bathsheba Grossman）和豪阿德纳·平德尔（Howardena Pindell）等人的特色作品展。他没有简单地选择图片来解释数学原理；而是选择了那些用有意义的方式表达其深层秘密的，而且颜色和图案具有美学价值的东西。他根据自己设计的数学艺术分类方案布置展览。

展览的作品之一就是本书第 17 页下方的三幅图片。左图名为《树的平方根》，描绘了在分形顶部生长的树。分形是一种自相似的数学图形，这意味着它在每个不同尺度上显示相似的图案。（*关于更多的分形的数学，请参见第 8 章。*）这里的分形是树的倒影。中间的图名为《数学艺术的大脑》，其中大脑轮廓的形状旋转了 90 度，看来它在同时思考艺术和数学。当它再次旋转一个直角时，得到右边的第三幅图像《分形的树根》，这里树成了分形的

▲ 约翰·西姆斯对数学、艺术和自然如何交织的比喻，使他创作了这幅作品《原子树：细胞森林》。

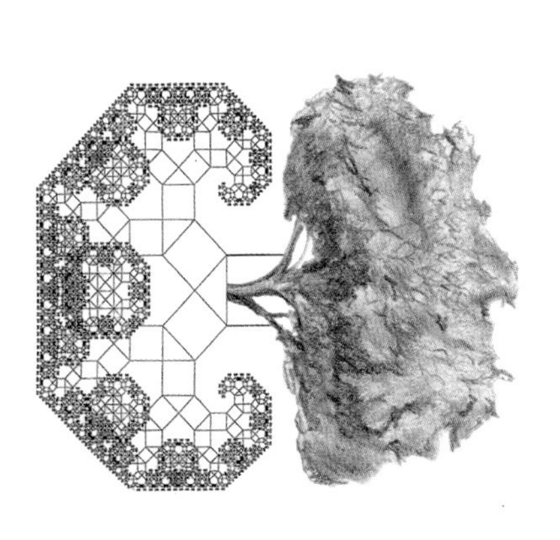
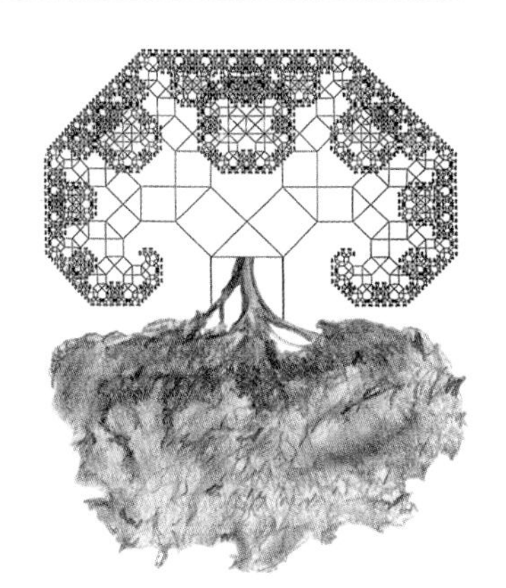

▲ 约翰·西姆平方根树系列，从左到右：《树的平方根》，《数学艺术的大脑》，《分形的树根》。

倒影。

西姆斯认为数学和艺术这两个领域之间存在着一种自然的矛盾和创造性的张力，这种张力可以激发出创造力。他说，其结果感觉就像是给一直存在于思想中的东西赋予物质形式。

“如果你深入搜索和挖掘，你可以找到这种联系，”他说。“视觉数学体现了美，而美学同样体现了数学知识，”他在给 2002 年展览的一篇说明文章中写道。“正是在这个空间里，人类神经系统的魔力和天才会涌现出来。”

> “我怎样才能找到一种以真正神奇的方式平衡数学和艺术的东西呢？”
>
> ——约翰·西姆斯

西姆斯的另一个最喜欢的数学灵感是 π 。π 是一个数学常数；不论在数学上，还是在文化上它都是一个人人皆知的数字。它是圆周与直径的比值，其十进制小数无穷无尽。它会出现在数学、物理和化学中，有时还会出现在意想不到的地方（关于圆周率的更多讨论，它在现代文化中的地位，数学家与这个常数的爱恨关系，参见第 21 页的“艺术背后的数学：π”）。它的前几位数字是：3.14159……

几千年来，人们一直对圆周率着迷，它仿佛对人们——哪怕是不关心数学的人——施加了一种咒语。西姆斯说 π 很吸引人，因为它非常容易理解。西姆斯经常思考：“我怎样才能找到一种能以真正神奇的方式平衡数学和艺术的东西呢？”对他来说，π 就是这个问题的答案。把 π 形象化一直是西姆斯艺术之旅的目标。2002 年，他建立了正方形网格，并根据圆周率数字的排列为网格着色。这些网格让他想起了被面图案，于是他找到了被面设计师艾拉・托伊。

被子商店的托伊有很好的教育背景，并对科学有浓厚兴趣。西姆斯解释说，他要制作一种能让人着迷的被面，她马上就能看到。西姆斯回忆道：“她对和我联系感到非常兴奋。”于是他们开始工作。最终，他们商定将在 13 张数学被面上进行合作。

在被面图案上，π 的数字从中间开始，向外螺旋而出，每一个数字都分配一个颜色，

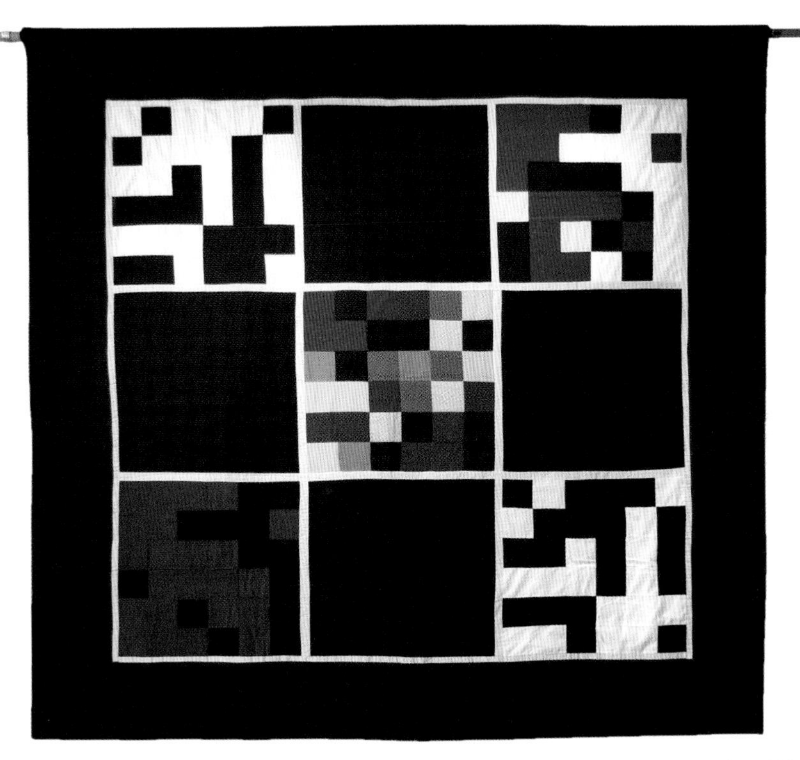

▲ 约翰·西姆斯说，被面图案有助于数学和艺术之间的合作，他的被面的想法来自毕达哥拉斯数学、非洲纺织品和将 π 可视化的方法几方面的启示。《民间运动派》就是其中一个例子。

▲ 这是《黑白派》，一幅由约翰·西姆斯设计的被面，它的图案由 π 的二进制数字决定。

▲ 佛罗里达州萨拉索塔的“阿尔玛·苏”被子商店里，工人们正在制作的是约翰·西姆斯从 π 中获得的灵感创作设计的被面图案。

就像他在方形网格上所做的那样。于是颜色的顺序变成了被子上的图案。他们试验了不同的方法。

当他使用 10 种颜色（不包括黑色和白色）对方格着色，得到的图案他称之为“无盐胡椒派”。在另一幅被面中，他将 π 用二进制表示，这意味着每个数字要么是 0，要么是 1（有关二进制的更多信息，请参阅第 27 页“像计算机那样计数”）。将 0 用黑色，1 用白色，他将得到的被面取名为“黑白派”*。

在另一幅被面上，他将 π 的数字转换为 3 进位制，并称之“美国派”，这意味着每个数字变 0，1 或 2。他将红色、白色和蓝色分配给数字。他还创作了一幅被称为《民间运动 π》的被面图案，将许多不同的设计板块组合在大方块中；他还制作了一幅超级被面，其中每个板块代表他创作的被面之一。

被面仅仅是一个开始。自那以后，西姆斯制作了许多基于 π 的服装和视频；他甚至与一些朋友一起创作了 π 主题歌曲，并在 2015 年 π 日发布了这些歌曲。2015 年，在佛罗里达州的海牛——萨拉索塔的州立学院的画廊举办了一个展览，展示了西姆斯对 π 的痴迷。除了被面和连衣裙之外，它还包括一段由约翰·柯蒂斯·施瓦辛格（Johannes Curtis Schwarzenstein）配音的视频，此人是非裔德国犹太人数学艺术诗人，他是西姆斯的一个密友。

数学和艺术的矛盾和碰撞，促成了新事物的形成，也推动了西姆斯的其他艺术的表现。西姆斯还发表了一篇对现时社会的政治评论。关于联邦国旗旗杆套索的安装，从 2004 年到 2017 年以来一直有争议，西姆斯根据他的数学艺术分析，发表了《悬挂联邦国旗的正确方法》一文，它涉及绳索和滑轮系统的安装。

* 英文中 π 的与 pie（馅饼，派）读音相似。

艺术背后的数学：π

充满激情的 π，数学的狂欢节

2015 年 3 月 14 日，星期六，对于那些狂热的人们来说，是伟大而欢乐的一天。更精确地说，欢乐集中在一个具体的时刻：9 时 26 分 53 秒。这一天的此时此刻，日期和时间中的数字，与 π 的前 10 位数字完全相同 *。π 是数学史中最著名的无理数。人们将 π 印在T恤上，以及烘焙了真正的馅饼 **，馅饼的形状也显示出希腊字母 π。

这就是 π 日，数学的节日。自 1988 年以来，人们一直在庆祝这一天，当时旧金山科学探索博物馆的物理学家拉里・肖（Larry Shaw）在 3 月 14 日组织了一个节日庆典，举行游行并分吃馅饼。2009 年，美国国会通过了一项正式承认 π 日的决议。在美国马萨诸塞州剑桥市的麻省理工学院（MIT）在 π 日向其未来的学生们发放录取通知书。全食公司（Whole Foods）以 3.14 美元的价格售卖比萨。

但 2015 年不同，它是世纪性的 π 日。一直要到 2115 年，数字才会再次按严格与 π 相同的顺序排列。于是，2015 年约翰・西姆斯将 π 日庆祝活动提升到了一个新的水平。

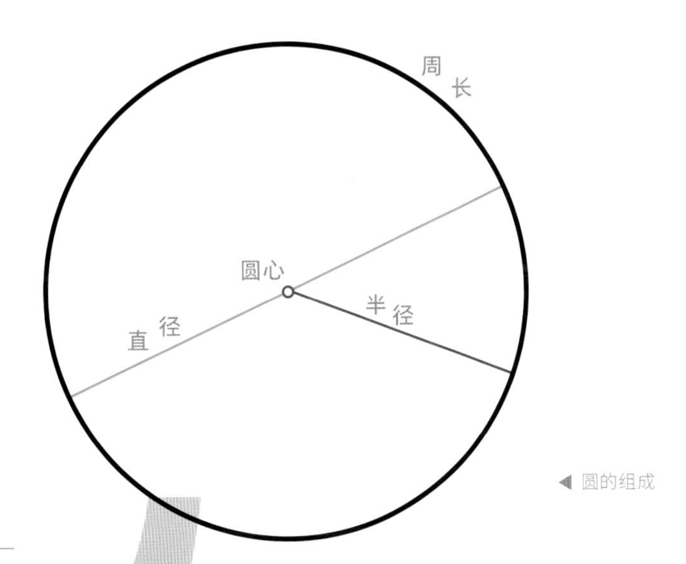

◀ 圆的组成

* 按西方习惯，日期按月日年顺序表示，这一时刻表示为：3/14/15— 9:26:53。

** Pi 即谐音 pie，英文馅饼之意。

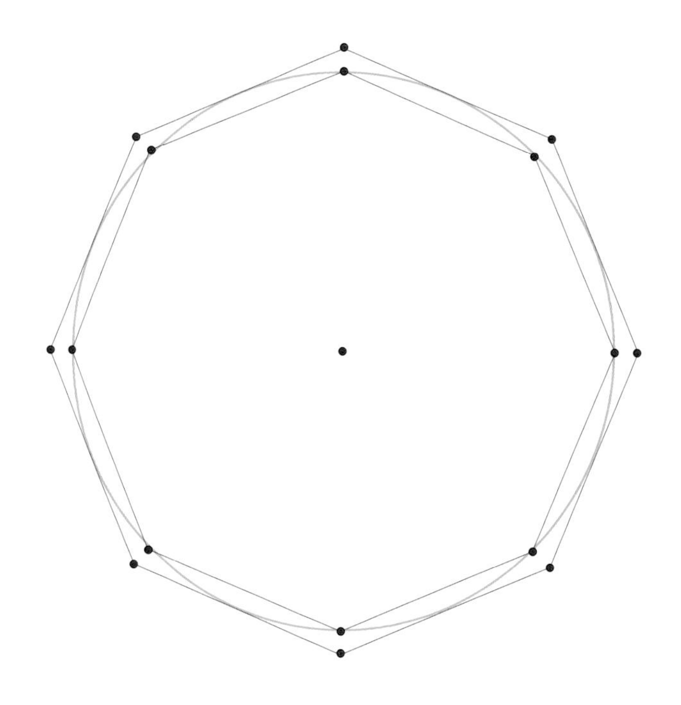

▲ 带有内接多边形和外切多边形的圆周

寻找 π 中的秘密

如上图所示，π 是圆周长与直径的比值。

它是 3 到 4 之间的数字，但更接近 3。在 18 世纪后期，瑞士数学家和天文学家约翰·海因里希·兰伯特（Johann Heinrich Lambert）发表了一个证明，证明了 π 是无理数，这意味着你不能用两个整数的比值表示它。（从那时起，数学家们已经找到了一大批方法证明这个结论。不是因为需要，而是为了表现他们有这个能力）。

如果不能将 π 写成两个整数的比率，则不能正确地将其写成有限小数或无限循环小数。它的十进制小数将一直继续下去，永不重复。这使得它们永远无法简洁而精确计算。探索者们还在无限的太空中寻找 π 的模式和信号。[在卡尔·萨根（Carl Sagan）* 的《接触》一书中，外星人通过发送一个由 π 的数字组成的信号来接触地球人]。

* 卡尔·萨根，美国著名的天文学家，科幻、科普作家。

早在兰伯特之前，数学家们就花了几个世纪的时间来逼近圆周率。阿基米德的著名尝试是在一个圆里画上一个内接正多边形，它的所有顶点都在圆周上，然后他又在圆周外画了一个外切正多边形，这意味它每一条边的中点与圆周相切。当他把正多边形的边从 6 条增加到 12 条，一直增加到 96 条时，两个多边形从内外两个方向都很贴合于圆周。他测量多边形的周长值来估计圆的周长。这样阿基米德能将 π 值估计为 $3\frac{10}{71}$和 $3\frac{1}{7}$之间，这在当时已经非常不错了。

有的人有一种奇特的乐趣，去记住并背诵前几十位，甚至前 100 位的 π 值。除了吹嘘自己的能力之外，我怀疑他们的确有记忆超长数字串的特殊能力和感觉。

（想现在开始吗？以下是前 100 位数字：3.1415926535897932384626433832795028841971693993751058209749445923078164062862089986280348253421170679……如果你不擅长背诵，或者感觉不到数字狂们对数字 π 的狂热有什么意义，那么分数 $\frac{22}{7}$ 就给出了一个很好的近似值。）

不过，如果你想和其他的 π 数字狂们竞争，你就得认真点了。吉尼斯世界纪录承认印度维洛尔（Vellore）的拉杰·梅纳（Rajeer Meena）创造的官方纪录。2015 年 3 月，梅纳在蒙上眼睛的情况下背诵了 π 的 7 万位数字。根据在线的 π 世界排名表，来自印度斋浦尔（Jaipur）的苏雷什·库马尔·夏尔马（Suresh Kumar Sharma）在 2015 年 10 月的一次长达 17 小时的背诵中，背出了 70 030 位数字。有人对这一纪录感到不服气：日本人原口明（Akira Haraguchi）以其非凡的记忆力而闻名，他声称已经背诵 π 值超过了 111 000 位数字。但直到本书出版时，吉尼斯还没有验证他的说法。

π 不仅是无理数，还是数学家所说的超越数，但不是代数数。这意味着当你解代数方程，例如 $y = x^2$ 或 $x^3 + y^3 = z^3$ 时，答案永远不会是 π 。（虽然超越数听起来很特殊，但实际上不是这样。几乎所有的数字都是超越数。我们熟悉的数字如整数和有限小数从统计学上讲，几乎是不可能出现的。如果从所有实数——包括所有整数和所有小数中随机选取一个数字，那么你几乎肯定会得到一个超越数。而选到整数的概率为零。）

德国数学家费迪南德·冯·林德曼（Ferdinand von Lindemann）在 1882 年证明了 π 是超越数。这个证明有一个惊人的结果，比对 π 的理解更引人入胜。它成功地回答了很多个世纪以来数学家们一直试图回答的一个著名问题：“化圆为方”可能吗？

π 的分割

“化圆为方”是一个困扰数学家数千年的问题，它与 π 的特性紧密相关。有证据表明古埃及人、美索不达米亚人和印度人都用不同方式讨论过这个问题，大约 2500 年前希腊数学家开始讨论并明确提出问题：如果有人给你一个圆，你能只用圆规和直尺画一个与此圆面积相同的正方形吗？几千年来，没有人能做到，但绝不是因为缺乏尝试。（克罗克特・约翰逊的作品见本书第 3 章，他进行了“化圆为方”的一次作图尝试。）

早在林德曼之前，数学家们就知道如果 π 是超越数，就无法只用直尺和圆规画出一个与给定圆相同的面积的正方形。林德曼的证明真的是一劳永逸，只需证明一次就永远生效，表明“化圆为方”在数学上是不可能的，大家不要再试了。但这并没有阻止人们继续“化圆为方”的尝试。在 18 世纪后期，大量的所谓“成功报告”仍在不断涌现，当然没有一份是正确的。这促使法国科学院和伦敦的皇家学会同时宣布，他们将不再接收“化圆为方”的稿件。他们说，此问题已经定案，请停止尝试。

在美国，林德曼的证明并没有阻止一个雄心勃勃的“化圆为方”爱好者。爱德华・J. 古德温（Edward J. Goodwin）是美国印第安纳州波西县的一名物理学家，他喜欢数学。1888 年，古德温宣布成功地将圆化成正方形，一扫数学家们几千年来的挫折感，直接藐视了林德曼的证明。他声称要在 1893 年芝加哥世界博览会上的讲座来传播这个好消息。博览会组织者最初对他的介绍表示了兴趣，但最终拒绝了他的展览请求。

古德温毫不气馁，他在 1897 年的数学杂志《美国数学月刊》上发表了他的研究方法，标题是《圆的正交》。这样，这个故事就从一个好奇但令人难忘的轶事演变为一个荒诞的记入档案的故事。

古德温还起草了一项法案，让印第安纳州众议院引入“一个新的数学真理”，他认为，这将使印第安纳州的孩子们受益。他通过一位地方立法者提交了这项法案，而众议院居然也通过了。然而，普渡大学数学系主任幸运地看到了该法案，并说服政客们相信它的荒谬之处，才使它在参议院搁浅。

古德温证明的关键错误在哪里呢？他声称 π 必须重新定义为 3.2。这项提案批评正在使用的 π 值，它有着无限的、冗长的十进制字符串，“完全是胡说和误导，”古德温说，忘了阿基米德和林德曼吧。（当然必须承认，如果 π 真的是 3.2，记忆起来就容易多了，也能轻易“化圆为方”。）

▲ 这是 1618 年德国物理学家米切尔·迈尔的 *Atalanta Fugiens* 一书中的插图，图为一位数学家正在试图“化圆为方”。

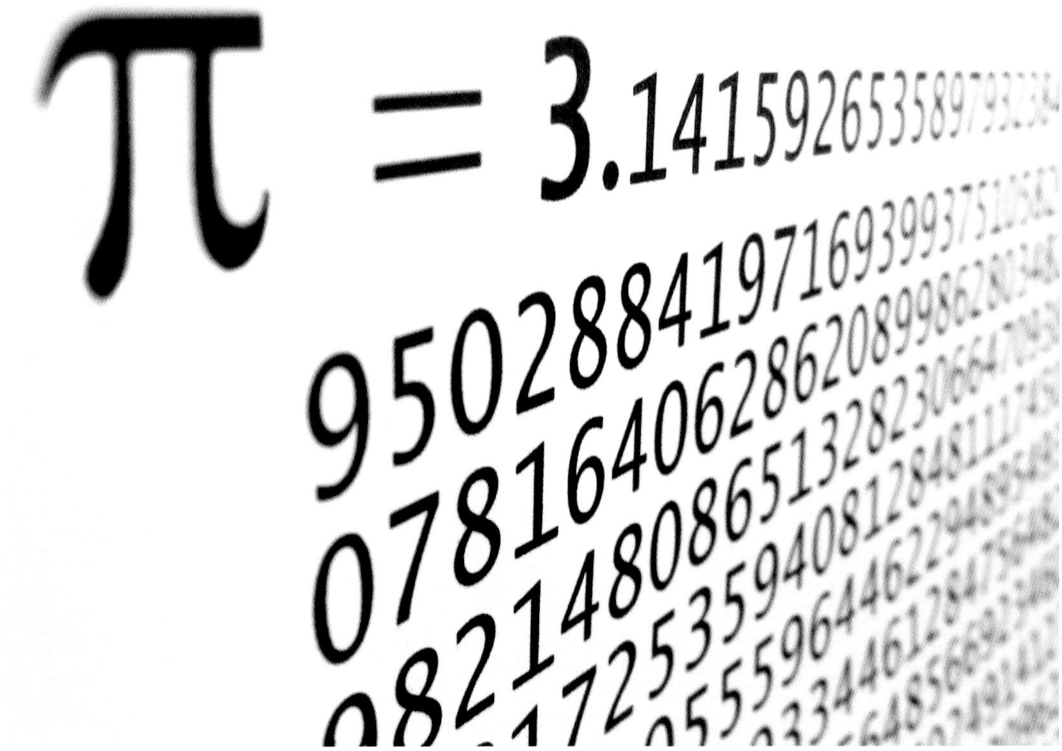

▲ π 的十进制表示

让位吧，π

π 有它的忠诚拥护者，也有诋毁者。每年都有许多数学家提出 π 的重要性不如 τ*，也就是 π 乘以 2，约为 6.28…，当然也是无理数和超越数。有人说 τ 更有用：数学家更关心的是圆周长和圆周半径之间的比值，而不是与直径的比值。所以如果我们使用 τ，你就会学到：圆的周长等于其半径乘以 τ。许多数学方程式要求将 π 乘以 2；于是有人就争辩说，从一开始就使用 τ 不是更简单吗?

2012 年，麻省理工学院开始在 π 日下午 6 点 28 分发出录取通知书，这是对 τ 运动的一种妥协。你可能注意到了这是“τ 时刻”。2014 年，牛津大学正面面对了这场辩论，举行了题为“π 对 τ：修复一个 250 年前的错误”的讨论会。

---

* 希腊字母，读音 tao。

但纯粹的 π 拥护者并未被吓倒。在 2015 年的 π 日，数学艺术家约翰·西姆斯通过为数字 π 发布三支音乐作品来庆祝。《π 日赞歌》是西姆斯和维·哈特（Vi Hart）合作的，这是一位自命为“娱乐数学家”的艺术家，她制作了数十条关于数学主题的有趣而引人入胜的视频。（但是，哈特也在一段“反 π 日”的视频中指出：我有理由不庆祝 π 日。这没什么特别的）。

《π 日赞歌》的特点是，西姆斯和哈特在激情的鼓点和贝斯声中，背诵了 π 的前 170 位数字。西姆斯还推出了另外两首歌曲，一首是舞曲《方月亮：二进制 π》，另一首是名为《蓝色的 π》的电声爵士乐，将 π 的数字输入电子键盘中。

每首曲目的长度，你可想象得到，正好是 3 分 14 秒。

像计算机那样计数

当我们学会数数时，我们就被告知 10 之后的数字是 11，但这并不是唯一的计数方法。当你写数字“10”时，它意味着你有一个含有十个 1 的组，而且没有单独的 1。所以“20”意味着你有两个含有十个 1 的组，没有单独的 1。

但我们没有理由一定要每次数到十，并以十为一组。如果你用一个不同的数字作为你的基本单位来计数呢？比如你想数到五。那你就会将数字记为：1，2，3，4，10，11，12，13，14，20。在五进位制系统中，“10”中的“1”表示你有一个含有五个 1 的组，“0”表示没有单独的 1。

你可以以任何基数计数。七进制的数字是：1，2，3，4，5，6，10，11，12……

计算机使用二进制系统，即基数为 2。这意味着自然数字序列将记为：1，10，11，100，101，110，111……一直记下去。在二进制中，当你写“10”时，“1”表示你有一个含有两个 1 的组，而“0”表示没有单独的 1。如果你有数字 100，就意味着你有一个含有 4 个 1 的组，没有 2 个 1 的组，也没有单独的 1。

二进制自然适合计算机的体系结构，计算机的线路在运行时有“开”和“关”两种状态，这正好对应“1”和“0”。数学艺术家约翰·西姆斯把圆周率 π 翻译成二进制小数，构造了他的作品“黑白派”被面。西姆斯将 1 和 0 对应为黑白小方格，排列顺序则由大家最喜爱的这个无理数 π 决定。

▲ 约翰·艾德马克的“绽放”系列作品之一。仔细观察，你可以看到从中间开始并向外旋出到边缘的螺旋图案。

我们发现数字和形状有着深刻的运动和节律；当我们沿着数轴计数“1，2，3，…”，或者当我们记住一列数字，完成一项数学证明时，我们就开始了一种旅途。像π（3.14159……），τ（6.28……）和φ（1.618……）* 通常被称为数学常数，但它们也是系统变化方式的基础。而这种变化在约翰・艾德马克的动态雕塑中可以看到，他的作品为数学的动态特征展示了一个超乎自然的神秘维度。

约翰・艾德马克

寻找现实中的漏洞

居住在加利福尼亚州门洛帕克市的约翰・艾德马克正在寻找现实中的漏洞，他创作了几何和建筑上的雕塑，但它们非常令人惊讶。坦白地说，即使你亲眼见到，也会觉得难以置信。我问艾德马克它们的根源——当然是数学和艺术——再问及他为什么觉得有必要做出如此迷人和奇怪的作品时，他说：“我真正想做的，是创造魔法，是那些似乎违背了物理定律的东西。以一种至少是非直觉的方式表现出来的事物，也就是看起来完全不可能的最高级的

* 黄金分割数。

事物，但当然它们在现实世界中又是确实存在的。”

他的作品确实如此：艾德马克的雕塑看起来既熟悉又超凡脱俗。在对页上，他雕刻的一朵花，看起来像一朵大丽花，另一个作品，像一只白化海葵。根据你的旋转方式，木制的堡垒时而像是特普伊山 * 的模型，时而像是外星人的宫殿，这取决于你如何转动它们，它们会在运动中被重置。它们似乎是活着的生命，随时表现出它们内蕴的不同几何形状。

“好奇心是一种动力。如果事情不像你所期望的那样，会发生什么呢？”

——约翰·艾德马克

▲ 约翰·艾德马克的“绽放”系列作品之二。

* 南美洲委内瑞拉著名的平顶山，旅游胜地。

▶ 约翰·艾德马克的《螺旋四边形脊柱》，产生了卷曲的四边形方框螺旋，这取决于你如何摆放它。

艾德马克曾在哥伦比亚大学学习计算机科学，在斯坦福大学学习设计。现在，他在斯坦福大学教授设计课程，在加州一幢光线充足的砖结构的工作室里，他动手制作艺术作品，里面堆放着工具和原材料：3D 打印机、激光切割机、奇形怪状的木材堆和可能在未来作品中用上的残渣碎片。他的作品是由木头、塑料和金属制成的。

艾德马克制作了一组动态的雕塑。当大丽花在闪光灯下旋转和成像时，花瓣螺旋似乎从花蕊中心出现，并旋转摆动到外面，在那里消失在黑暗之中。当白海葵在闪光灯下时，它像明胶模型一样摇摆不定，似乎暗示了它具有意识。

驱动艾德马克的工作的另一种数学思想是黄金分割数，这是一个唤起人们关于美丽和匀称的感觉的无限不循环小数。(关于黄金分割更多信息，见第 34 页的“艺术背后的数学：黄金比率”）黄金分割数也称黄金比率，被记 Phi，写成希腊字母是 φ，它的数值近似可能是最不吸引人的：$(1+\sqrt{5})/2$，或 1.618033……就像 π 一样，φ 也是无理数，这意味着你不能把它写成两个整数的比。这个比率可以用来分割一个图形、线段或者空间。使得其较大的部分与较小的部分之比率，和整体与较大的部分之比率是相等的，这个比率就是 φ。

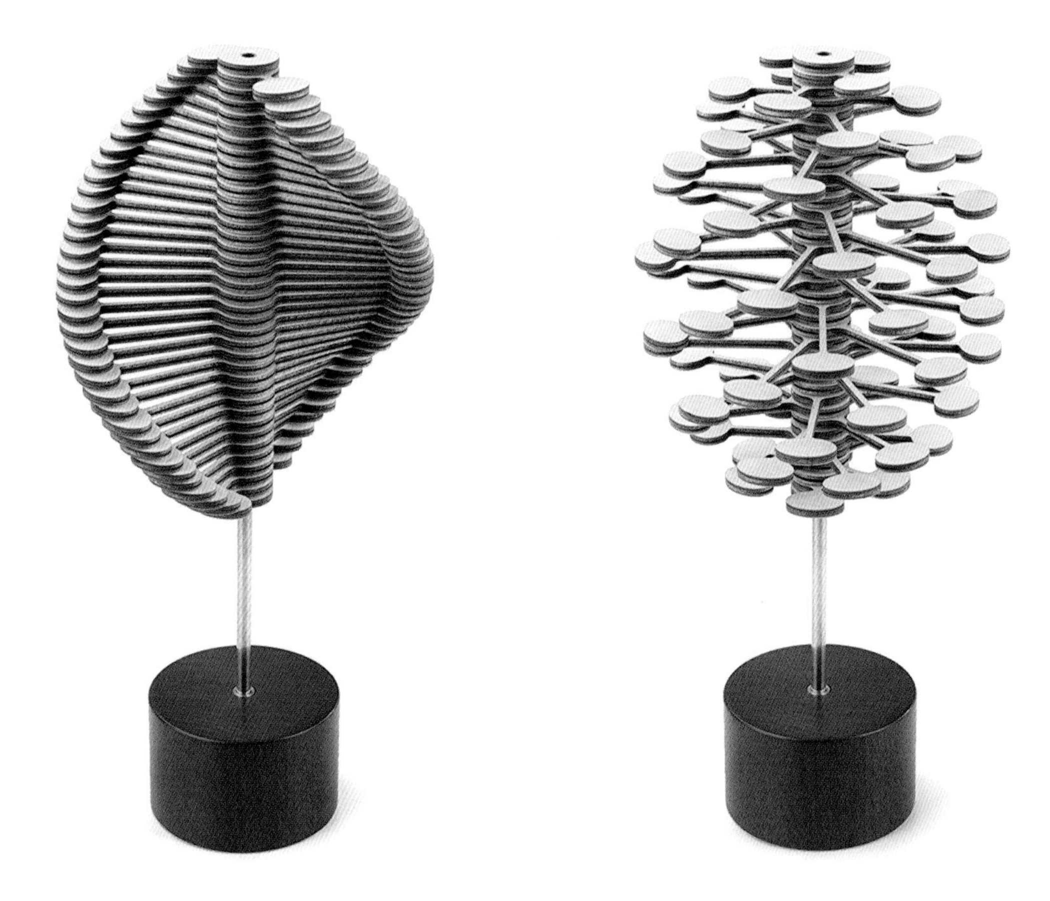

▲ 由约翰·艾德马克制作的《螺旋天线》（又名《棒棒糖》），《棒棒糖》是一个动感的雕塑，它通过手腕的快速转动而改变形状。

黄金比率 φ 出现在一些植物如朝鲜蓟、仙人掌和松果的叶轮上。对艾德马克来说，黄金比率是灵感的化身，是他的雕塑创意的无尽源泉。（我称艾德马克的作品为雕塑，但他回避了这个定义。他宁可把自己的创作看作是一种定义较模糊的东西，是一种出现在他脑海中的几何问题探索的途径。）

“好奇心是一种动力，”他说。“如果事情不像你所期望的那样，会发生什么呢？如果你旋转它，或者把它倒过来又会怎样呢？”

31 页的《螺旋四边形脊柱》就是一个例子。艾德马克设计的这个木雕使用了很多四边形木框，用铰链把这些四边形组件连接组装起来，可以折叠或展开，看起来整体形状像螺旋

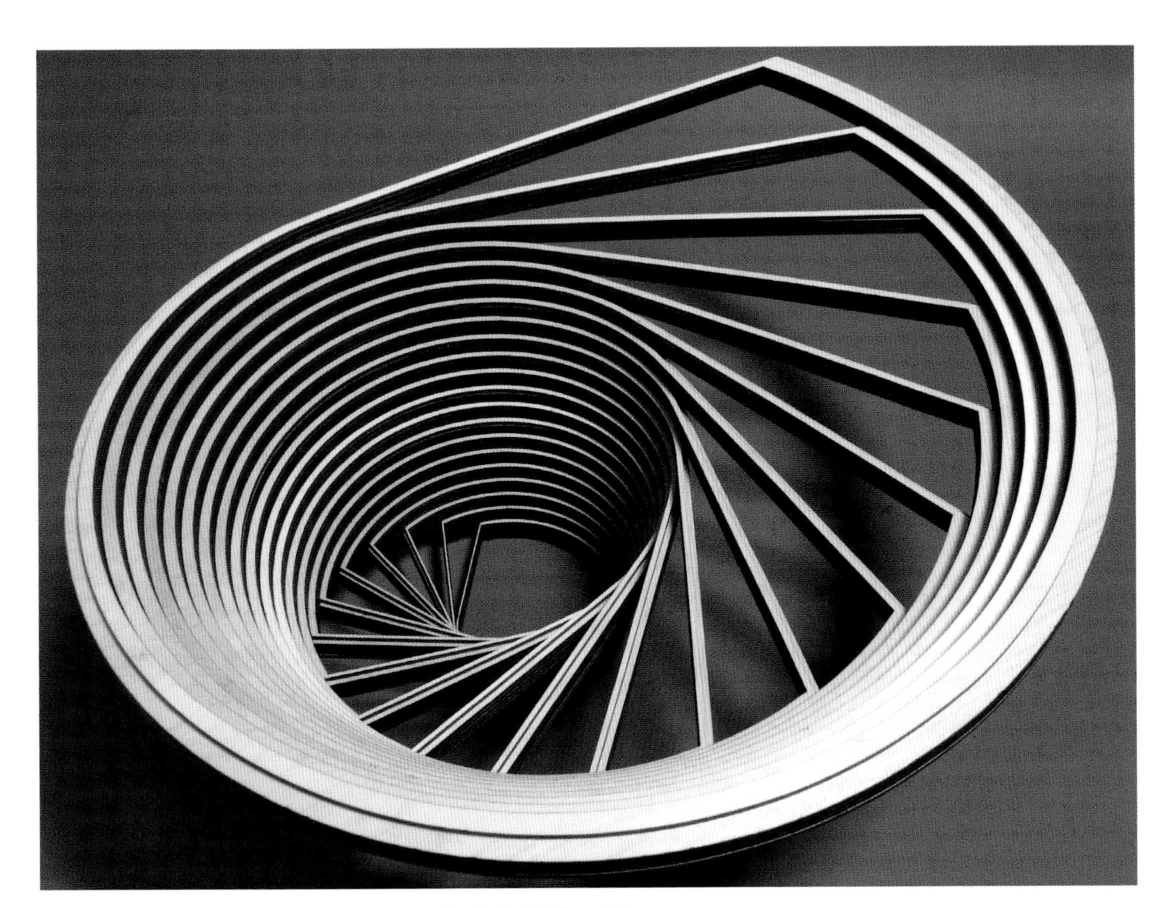

▲ 约翰·艾德马克用激光切割机在叠层的胶合板上创作了《嵌套的贝壳塔》。嵌套的木框架可以排列成扁平的木板状，也可以通过互相旋转，转变为如图中上升的螺旋状。

一样旋转而出。“这些四边形的形状对螺旋的行为有很大的影响，”艾德马克说。四条边之间的角度决定了螺旋卷曲的程度。为了得到这些四边形合适的角度，以及那些铰链，要花几个小时来进行试验从而判断和排除错误。最终得到了这个螺旋式上升的作品。

他随身带着一些笔记本，但他的大部分工作都是凭经验在计算机上或者在激光切割机上做的。他必须设计和切割这些方框，然后才知道它们组装起来的形状效果。 他常说，他总是先想出了一个“几何假设”，不是用方程式表示，而想象的是一种形状、模式或表现效果。“我花了太多的时间去实践，验证心中的模型效果能否真正实现。”他的工作区和办公室里的箱子里经常装满了那些过去项目的部件，有的是未完成的，有的是项目中断了，还有的雕塑达不到预想的效果。他说，按照他的观点，绝大多数不成功："也许有 10% 能通过我的测试认为有价值。"

他说，他在商业上最成功的作品《棒棒糖》，是偶然的结果。"有些事情发生了，但我没想到会发生。"（有关《棒棒糖》的更多信息，请参见第 32 页图片。）他创造了一个木制的小玩意，他先称之为"螺旋天线"，它在旋转时会改变形状。这个想法是，当你转动第一个木片时，将带动下一个木片，然后再带动下一个木片，一直传动下去。但出现了一个问题：当他手动转动木片以实现变化时，木片被卡住转不动了。他感到沮丧和恼怒，怎么做呢？ 一个念头跳出脑子，他回到工作台前。然后"事情开始自行发展，一切都顺利了。"他再次转动手腕，只要稍微转一下，这个东西就会很容易地在两种不同的形状之间转换。原来成功的秘密是：不要去缓慢轻柔地操纵，而是要突然地发力操作。

艾德马克的雕塑提出了一个关于运动的可能性和极限的物理问题。他花了几十年时间研究计算机图形学和设计，他知道自己可以在现实环境中提出同样的问题。但他认为，在某种意义上这是在作弊。"你可以在计算机上挑战物理，"他说，"而且你不会制造任何麻烦。"

但是当摆在他面前的事物荒诞不经，并挑战他关于哪些想法是真实的而哪些又是不可能的时候，艾德马克还是认为他的这些工作是有意义的。

艺术背后的数学：黄金比率

精巧的玩具，忙碌的兔子，以及阳光的最佳角度

约翰·艾德马克最受欢迎的作品就是《棒棒糖》了，这个名字人们可能喜欢也可能会质疑，它像是棒棒糖和直升机的混合体。你还会叫它什么？

《棒棒糖》是个迷人的小玩意？书桌上的装饰品？它看起来像一大堆迷你皮划艇的小桨，插在一根穿过中轴的木棍上，可以自由旋转。

就像大多数艾德马克的作品一样,《棒棒糖》独具匠心的设计在它运动的时候就会显现出来。先把它转到一个方向，这些桨叶会整齐地排列成一个螺旋形。然后把它转到另一个方向，桨叶分散开来，看起来像一种灌木丛的形状。每一片桨叶与它邻近上面桨叶和下面桨叶都有 137.5 度的夹角。再往另一个方向转动，螺旋形状又回来了。这不是一个对称的运动:《棒棒糖》的形状安排取决于你如何转动它。

这款《棒棒糖》——你可以在 Amazon 上买到各种颜色的款式——这就是基于艾德马克的螺旋形雕塑，见第 32 页上的图。

好多兔子呀

艾德马克不是偶然选择 137.5 度，也不是出于什么审美原因，而是接受了大自然的启示。如果你知道在哪里寻找它，这个角度就会随处可见。这是肉质植物龙舌兰的叶片之间的角度。从顶部俯瞰一棵松树，你会看到主要的分枝以这个角度像翅膀一样连续展开。(研究植物枝叶排列的人都很熟悉这个角度。)这个角度，137.5 度，实际上是一个无理数，精确值比 137.5 度还要略大一点，这是角度版本的 φ，或角度的黄金比率。为什么 φ 很重要?它为什么与角度有关?花点时间了解背景故事是值得的。

这要从一个被称为斐波纳契(Fibonacci)的数列开始讲起，这个数列也称海马钱德拉–斐波纳契(Hemachandra-Fibonacci)数列，已知最早的数字记录来自 900 多年前印度的数学家。数学家阿查里亚・海马钱德拉(Acharya Hemachandra)在公元 1150 年的一部梵文诗歌讲到过它。但大家更熟悉的起源故事来自意大利。实际上是从一对兔子开始。

列奥纳多・皮萨诺住在意大利比萨，他更出名的名字是莱昂纳多・斐波纳契(Leonardo Fibonacci)。他父亲的名字叫波纳契，他作为波纳契的儿子，本来名为菲罗・波纳契(Filo Bonacci)，后来慢慢演变成了斐波纳契(Fibonacci)。斐波纳契是否真正养过兔子已经笼罩在历史的迷雾之中无从考查，但他给我们提供了数论中一个经久不衰的思想实验。1202 年他在一本名为《计算之书》(*Liber Abaci*)的算术书中描述了这一点。

斐波纳契说一对兔子在一个月内成熟，并能在下个月产生一对后代。(兔子并不是这样繁殖的，这是理想化的兔子。)让我们从一对新生兔子开始。

一个月后，你有一对成年兔子。

又过了一个月——从第三个月开始——兔子生了一对后代——一共有两对兔子，一对成年，一对未成年。

在第四个月，你有一对原始的兔子，和现在已经成熟的第一对后代以及一对新的兔子。合计三对。

在第五个月，多产的原始父母又生了一对兔子，第一对后代和它们的新生兔子（确实是近亲繁殖），还有已经出生一月的第二对后代，现在已经成熟了。合计五对。

斐波纳契观察到，总的动物的对数遵循着特定的数列。（“数列”是遵循某种规则或模式的数字列表。）这个兔子对数的数列最开始的两个数字都是 1，从第三个数字起，每个数字是通过将前两个数字相加来决定的。斐波纳契的数列是这样的：1, 1, 2, 3, 5, 8, 13, 21, 34, …。

这个无穷无尽的数字列表就是斐波纳契数列。斐波纳契最初是想知道一年后他会有多少对兔子，答案是第十二个斐波纳契数，也就是 144 对。

斐波纳契数字不只是兔子能用，它们在各种生长的东西中都很容易看到。香蕉通常有一个斐波纳契数的边；把香蕉切断，你就可以看到 3 个棱，3 是一个斐波纳契数。把苹果从中间切成开，你就会发现里面藏着一颗五角星（5 也是斐波纳契数）。许多种类的百合花有三个花瓣。楼斗草有五个花瓣。在有嵌套叶簇的花中，你通常会发现每个簇的叶数都是一个斐波纳契数。

斐波纳契数列还给出了黄金分割数 。将第二个斐波纳契数除以第一个，然后将第三个数字除以第二个……，依此类推。继续下去，你可以看到：

$$\frac{3}{2} = 1.5$$

$$\frac{5}{3} = 1.666\cdots$$

$$\frac{8}{5} = 1.6$$

$$\frac{13}{8} = 1.625$$

$$\frac{21}{13} = 1.61538461538$$

该比率总是在 1 和 2 之间，而在斐波纳契数列中越大的数字相除，就越接近这个数字：1.6180339887498948482……

这就是黄金比率 φ 的十进制小数近似。数字后的圆点告诉你，它是无限小数，而且是不循环小数。（数学家称这种数为无理数，它不能用两个整数的比来表示。使用越来越大的斐波纳契数的比率，我们可以无限地接近它。）

黄金比率 φ 确实像黄金珠宝一样，到处给我们带来惊喜，尽管它并不总是那么容易看出来。

例如：从一个矩形开始，将其分割成两个部分，一个是正方形，另一个与原矩形高度相同的小矩形，就像这样：

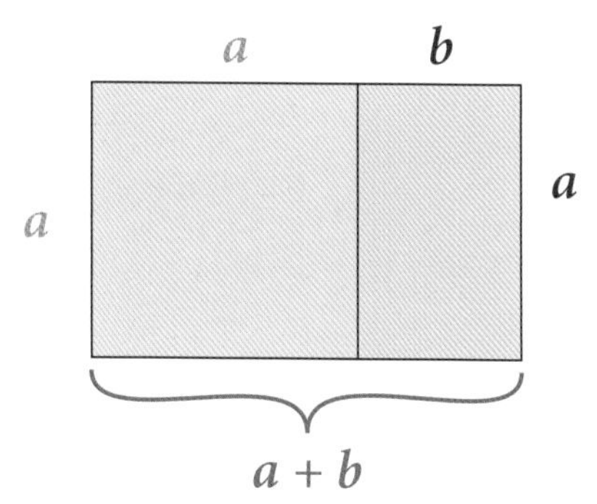

然后，将这个较小的矩形分割成两个部分，一个正方形和一个比例相同的矩形。就像这样：

$$\frac{a}{a+b} = \frac{b}{a} = \frac{a-b}{b}$$

继续分割下去！最后，你会发现这样的东西：

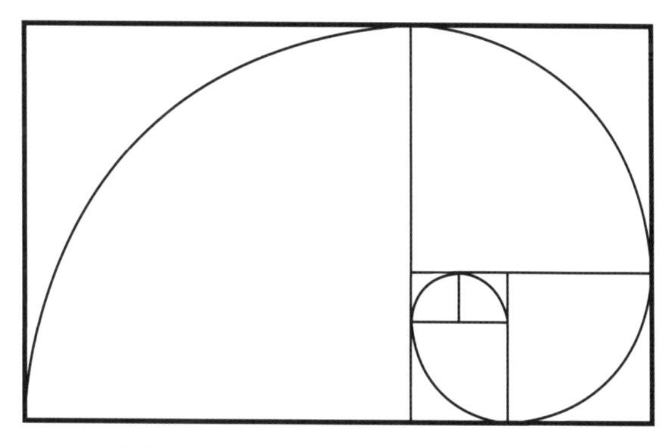

▲ 矩形的黄金分割产生了对数螺旋线。

假设你的长方形高度是 1，那么合适的长方形长度是多少呢？让我们设长度为 x，因为我们在数学中就是这样做的。然后就像在学校上代数课一样，你可以建立一个方程来求 x。如果画一条线以分割矩形，则将长度 x 划分为两段。一段长度为 1（因为有一部分是正方形），另一段长度为 $x-1$。记住，我们希望结果得到的小矩形的长和高比例与原始矩形相同。而第一个矩形的边的比率是 $1/x$，第二个矩形的两边比是（$x-1$）/1。让它们相等，你就会得到：

$1/x=(x-1)/1$

根据内项积等于外项积，现在交叉相乘：

$1=x^2-x$，整理得到：$x^2-x-1=0$。

快了！对于 x 来说，这是一个二次方程。二次方程是变量 x 的最高次幂为 2 的方程。可望得到两个答案，这个方程的两个根是：$x=(1\pm\sqrt{5})/2$

其中一个是负根 $x=-0.618\cdots$，但我们不想要这个，矩形不能有负的边长。

而第二个根 $x=1.6180339\cdots$

是的，这就是黄金比率 φ，与那个由斐波纳契数列引出的比率完全相同。黄金比率是在 1 至 2 之间的一个无限小数，它等于上面矩形的长和高的比例。在上页的矩形螺旋图中如果从小到大连接各矩形的角点，则会形成图中的美丽的对数螺旋线。这个著名的螺旋线被称为斐波纳契螺旋线。

艺术和自然中的黄金

原来所有这些都是相通的：斐波纳契数、黄金分割和这些相似比例的矩形。黄金分割有一种内在的、闪光的美，它有着深厚的内在逻辑，以至于狂热的人们说他们到处都能看到黄金比率。在 2015 年《临床解剖学》的一篇论文中，科学家声称，在西斯廷教堂的穹顶上的米开朗基罗的著名画作《创造亚当》中，从亚当和上帝的指头接触的那一点将画分割开，不管按水平还是垂直分割，其中的比例都符合黄金比率。鹦鹉螺的外壳螺旋几乎与斐波纳契螺旋相匹配，虽然并不完全吻合。

但是这与自然界的 137.5 度的角度有什么联系呢？在艾德马克的作品中，该度量是与黄金分割的等价的黄金角度：如果将圆周划分为两个部分，使得一个为 137.5 度，另一个则为 222.5 度（合计 360 度）。这两个角度的比率是 1.618…，就像我们的矩形——较大

▲ 鹦鹉螺的壳。

部分与较小部分的比率一样。

这个角度不仅仅是为了漂亮，也是为了实用。对植物来讲，这个黄金角度从中心茎干上用一种最佳的方式来布置叶子，让它们都能得到更多光线。如果一片叶子直接生长在另一片叶子下面的茎上，它就会晒不到阳光，所以它需要按某种角度散开。用黄金角度定位树叶，可以让它们都能接收光线，而不会让低处的叶子被遮挡。这种安排与其说是自然规律，不如说是植物在拥挤的环境中优化稀缺资源的进化过程。

黄金比率伴随着自然系统的生长和进化过程出现。它还使得艾德马克能够把几何学变成了一种可以演示的艺术：它决定了艾德马克的花朵雕塑中叶片的角度，当它转动时会产生令人眩目的效果。黄金比率也是他的《棒棒糖》玩具（其叶片也是按此角度安排的）背后的秘密，它表现了一种优雅和动感并存的机械智能。

▲ 克罗克特·约翰逊对毕达哥拉斯定理的绘图证明（源自欧几里得）。为欧几里得在公元前 300 年左右发表的《几何原本》增加了色彩的视觉深度。

第3章
用绘图来证明

数学证明是一种逻辑论证，它能使我们确信某件事是真实的。它们也可能是噩梦的一部分。 美国数学协会的前任主席，数学家维克多·克莱（Victor Klee）幽默地说：“数学证明只适合在私底下的成年人之间进行交流。” 我们大多数人是在几何课中第一次遇到证明的，与两千多年前欧几里得用的方式相同，但证明工作并不直观生动。从事绘图证明的画家克罗克特·约翰逊在数学上缺乏正式的训练，但也许正是因为这点对他的工作有帮助。约翰逊绘画中的严密性并不是从系统的逻辑中产生，而是可视化的无可争辩的现实。

克罗克特·约翰逊

《哈罗德与紫色蜡笔》以及毕达哥拉斯定理

克罗克特·约翰逊写了一系列儿童作品，其中包括《哈罗德与紫色蜡笔》（*Harold and the Purple Crayon*, 1955），一个全世界的孩子为之着迷的简单故事。约翰逊是皮肤黝黑又秃顶的高个子，他在1958年的一次采访中说，他画有头发的人，“因为这样容易得多！”此外，在我看来，“留着头发的人看起来很滑稽。”

约翰逊似乎不大可能进入我的这本书：他已经不在人世了，他也不是数学家。他在长岛长大，上过艺术学校。他开始在制冰厂工作，后来做过广告。他还担任过几本杂志的艺术编辑。他住在康涅狄格州，娶了露丝・克劳斯（Ruth Krauss）为妻，他的妻子也因写儿童读物而闻名。至此，在他的生涯中没有出现数学。

克罗克特・约翰逊本名叫大卫・约翰逊・莱斯克（David Johnson Leisk），出生在 1906 年，全世界都只记得他的作品《哈罗德与紫色蜡笔》中用的笔名：克罗克特・约翰逊。

1942 年，他开始写作连环漫画《巴纳比》（*Barnaby*），描写一个好奇的小男孩和他的同伴，一个名叫奥马利（O' Malley）的会隐形的仙女。连环漫画最先发表在《PM》上。《PM》是由前《纽约人》杂志编辑拉尔夫・英格索尔（Ralph Ingersoll）创办的一本杂志。《PM》自豪地宣布自己没有广告、政治派别和审查制度。杂志的撰稿人包括大名鼎鼎的欧内斯特・海明威（Ernest Hemingway） 和苏斯博士（Dr. Seuss）。

《巴纳比》后来十分轰动，被 50 多家报纸杂志联合刊载。书迷和崇拜者包括传奇公爵埃灵顿（Ellington）和诗人／讽刺作家多萝西・帕克（Dorothy Parker），帕克在一封信中承认她“毕生热爱连环画”。她写道：“在《巴纳比》之前，我没有快乐，没有享受，也没有爱。”

正是在《巴纳比》中，约翰逊的数学才华出现了。在 1943 年的一次连载中，他推出了角色阿特拉斯，一个矮小而孤独的男孩,《巴纳比》把他描述为“思维巨人”。漫画书中，阿特拉斯记不起仙女奥马利的名字了。然而，他可以背出一大堆复杂的定积分公式。在后面的连载中，约翰逊更改了定积分，用它们的解拼写出了仙女“奥马利”的名字。阿特拉斯是个精通数学的男孩。

到 1946 年约翰逊结束了《巴纳比》，于 1955 年出版了《哈罗德与紫色蜡笔》，为这位年轻的主人公哈罗德创作了一系列颇受欢迎的冒险画集:《哈罗德的童话故事》《哈罗德的天空之旅》《哈罗德在北极》《哈罗德的马戏团》《哈罗德的房间的照片》及《哈罗德的 ABC》，等等。

但在 20 世纪 60 年代，约翰逊更认真地转向数学。他没有正式接受过这门学科的训练，但他很有激情。从 1965 年开始，用了 10 年时间，一直到 1975 年他死于肺癌。他在边长 4 英尺的方形画布上创作了 100 多幅几何画，每幅画的灵感都来自古代和现代的数学定理。

1972 年，他在为《莱昂纳多》* 杂志写的文章《抽象绘画中的几何学》中说道：“几何定理在应用上是普遍的，可用于几乎任何大小和形状的结构。”

---

* 莱昂纳多，指国际艺术、科学和技术学会及其附属的法国组织莱昂纳多协会，名字源于达・芬奇的全名。

▲ 克罗克特·约翰逊使用了丢勒的斜角透视法绘制了3-4-5三角形的方格透视图。数一下这个直角三角形每边的小方格数，你就会看到它说明了毕达哥拉斯定理。

他发现了欧几里得对毕达哥拉斯定理的优美证明，被这个项目深深吸引住了。这个证明可以在欧几里得的《几何原本》中找到。《几何原本》也许是历史上最古老和最有影响力的几何教科书。（直到 20 世纪中叶，它都是仅次于《圣经》的第二畅销书。）它也是约翰逊第一幅数学绘画证明的基础，也就是第 42 页所看到的毕达哥拉斯定理的证明，这幅画用颜色来识别图形，以显示图形各个部分是如何拼凑在一起的，就像一幅智力拼图。

约翰逊绘画的核心是一个直角的三角形，用黑色和白色上色，底部是最长的边（或斜边）。从三角形的每一个边都延伸出一个正方形，一边是黑色和蓝色，一边是黑色和金色，底部第三边是红色和黑色。三角形的顶点和正方形的转角的连线将整个形状划分为不对称的多边形网格。欧几里得曾使用一个 14 步的过程来构造这些线和形状，然后显示它们是如何证明毕达哥拉斯定理的。（欧几里得的证明被认为不同于毕达哥拉斯学派最初的证明。）

数学证明通常是逻辑化的，通常以抽象符号的字符形式写下来。但是约翰逊用了可见的图像来证明。他写道："我知道一点代数，但我避免使用它，因为我不能完全理解代数，这会使我失去对图片的形象的直观掌握。"他用了他所熟悉的：空间的可见的真相和手段。

回到上页图中的毕达哥拉斯定理，透视下的 3-4-5 边长的直角三角形。这幅画于 1965 年完成，先画出一个直角三角形，在每一边构建正方形，它们向垂直于读者的平面延伸。每个较大的正方形由一些小方格组成，其中一边有 9 个方格，另一边有 16 个，左边第三个正方形，有 25 个方格。这让人想起了 16 世纪的德国版画家阿尔布雷希特·丢勒（Albrecht Dürer），丢勒善于用透视方法在二维画布上渲染三维物体。

从毕达哥拉斯定理出发，约翰逊继续处理其他视觉证明。在 1965 年的《画出 2 的平方根》（第 47 页），他用绘图的方法展示了勒内·笛卡尔（René Descartes）在《几何学》中描述的一种方法，如何用圆规和直尺求一个数字的平方根：从半圆的直径向上作一条垂线，延伸到半圆弧相交后得到的一条线段，把半圆划分为黑白两部分，而且此线段的长度为图中黑色部分的底边长度的平方根。请注意由于背景中灰色方块中隐含的刻度，我们就知道它的长度等于 2 的平方根。

在本书未收入的另一幅绘画中，约翰逊挑战了另一个传奇问题：倍立方体积问题。这个问题最先出现在罗马历史学家普鲁塔克（Plutarch）的著作中，此书将它归功于希腊天文学家埃拉托色尼（Eratosthenes）。根据传说，一群雅典人访问太阳神阿波罗出生地提洛岛，祈求摆脱瘟疫。根据神谕，为了减轻瘟疫，雅典人需要将阿波罗祭坛的大小加倍。祭坛的形状是立方体，每边都一样长。于是雅典人建造了一座祭坛，其每边长度是原来的两倍，于是

▲ 克罗克特・约翰逊用绘画方法求 2 的平方根（源于笛卡尔）。演示了笛卡尔描述的使用直尺和圆规求一个数字平方根的方法。

体积成了原来的八倍。但神谕指的是体积加倍，而不是边长。所以诸神没有提供任何帮助，瘟疫还在继续。

就像“化圆为方”一样，如果你只用一个圆规和一个没有刻度的直尺，那么解决“倍立方体积问题”是不可能的。克罗克特・约翰逊的倍立方体解决方案的画作，灵感来自艾萨克・牛顿（Isaac Newton）的一个证明，用一个带标记的直尺巧妙地回避了这个问题的不可能性。（上面有记号的直尺，可以画出用圆规无法得到的比例线段。）

他在《莱昂纳多》杂志上撰文写道：“我事先就知道这是问题的关键，我把它构想成一个动感视频，有着无数帧图的动画片。动画可以来回播放，图像正负振荡着接近真实的解。”这些振荡出现在立方倍体积画面中，许多重叠的矩形、方形和圆圈，互相跳动接近一个真正的解，几乎可以把我们头脑绕晕。

他绘画涉及的主题跨越了两千多年的数学成果。他画过约翰斯・开普勒（Johannes

Kepler）关于行星运动的定律、欧几里得求 2 的平方根的算法、代数基本定理以及埃拉托色尼提出的在已知距离的两个城市之间用日晷的阴影测量地球周长的巧妙建议。

约翰逊的 80 幅数学绘画存放在华盛顿特区史密森尼博物院的美国国家历史博物馆。

艺术背后的数学：

毕达哥拉斯定理的多种证明，化圆为方的不可能性

不吃豆子的人，爱因斯坦和椭圆形办公室里的数学

在你们几何学课上讲授过的所有定理、证明和命题中，也许没有比毕达哥拉斯定理更深刻的定理了。表面上，这只是一个关于直角三角形各边关系的数学陈述，但在文化上，这就像一些数学爱好者的秘密代码，甚至成了一种文化符号。在《绿野仙踪》的末尾，毕达哥拉斯定理以搞笑的形式出现：稻草人被新任命为思想学博士，它宣布："等腰三角形任意两边的平方根之和等于第三边的平方根。"（稻草人惊人地、荒谬地说错了定理，但这不是重点。）

一个定理引发的……

毕达哥拉斯定理是严格有效的。它指出如果你把直角三角形的两个短边的长度平方求和，所得到的数值肯定就是斜边长度的平方。想象一个直角三角形，一个直角边长 3，另一个直角边长为 4。在这种情况下，3 的平方是 9，4 的平方是 16，将它们加在一起就得到 25（等于 5 的平方）。这意味着最长边即斜边，测量结果应为 5。

三个适合这个条件的数字，就称为毕达哥拉斯三元数组。例如:（3，4，5），（5，12，13）或者（68，285，293）都是毕达哥拉斯三元数组。这样的三元数组有无穷多个。

这个定理命名为毕达哥拉斯，毕达哥拉斯是一位数学家和哲学家，大约公元前570年出生在爱琴海东部的萨摩斯岛。40岁时，他搬到意大利地图的靴子的脚跟附近的克罗顿（Kroto）岛，创办了两个神秘教派（有人认为是邪教），但我们通常把他的追随者称为毕达哥拉斯学派。

历史学家们拼凑出了这位数学家的概况，但细节很模糊，大多数都在翻译中丢失。而他写的书，或者做出的数学发现，都有人说是其他人以他的名义做的，历史学家为此争论不休。教派成员都是素食者，留长发，禁止吃豆子。传说毕达哥拉斯有一条“金腿”，也许仅仅是因为那里有个令人印象深刻的胎记。他的原创作品都没有存留下来，也不清楚他在数学上做了什么，以及他的崇拜者做了什么。在他死后的几个世纪里，毕达哥拉斯被抬高和神化；他对数学的贡献也被夸大了，一些历史学家认为他是诸神派到地球的使者。另一些人则荒谬地把古希腊哲学中产生的所有思想都归功于他。根据这些历史学家的说法，亚里士多德、柏拉图和其他人仅是毕达哥拉斯的模仿者而已。

毕达哥拉斯可以算是获得了该定理的命名权，但直角三角形的各边之间的关系甚至在千年之前就在古埃及、中国和古巴比伦为数学家们所熟知。毕达哥拉斯或他的追随者很可能首先证明了该定理，或者至少写下了证明。当然证明是最重要的，我们已经承认这个规则几千年了。但是我们怎么知道这是不是真的呢?

证明毕达哥拉斯定理的趣事逸闻

关于毕达哥拉斯定理的证明有不少令人兴奋之处。不管世界发生了什么事，这个定理始终不会改变其正确性。关于这个定理有许多种证明方法，你甚至可以在许多年里每天选择一种方式来证明它。

毕达哥拉斯定理为我们提供了一扇窗户，让我们了解了难以捉摸的证明过程。数学家们总是根据他们已知的真实成立的命题来证明其他命题。这些已知命题或者来自公理——数学本身的基本规则——或者以前被证明过。

许多数学家偏爱用逻辑规则编写的逻辑证明，但是使用插图的证明则可能更容易为人

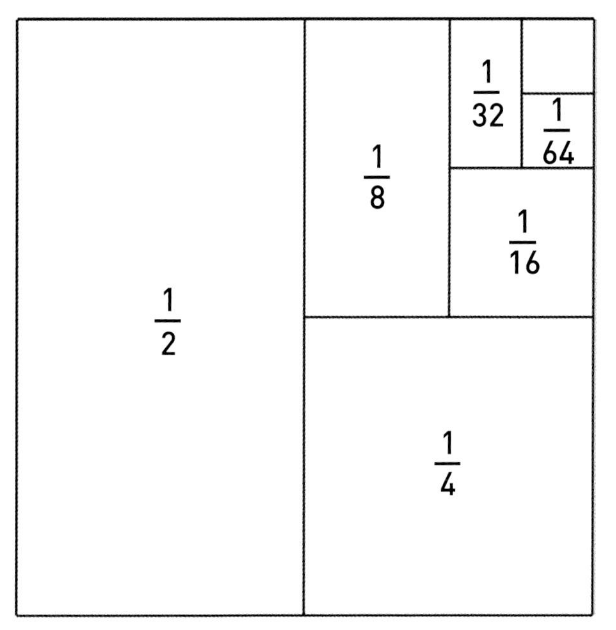

◀ 这是一个边长为 1 的正方形，每个矩形的面积都在内部注明。这是上面命题的一个视觉证据。

接受。例如，参阅上面的图形，可以很清楚地证明以下这个命题：

$$\frac{1}{2}+\frac{1}{4}+\frac{1}{8}+\frac{1}{16}+\frac{1}{32}+\cdots=1$$

1949 年阿尔伯特・爱因斯坦（Albert Einstein）在《周末文学评论》上发表了一篇文章，描述了关于他成功完成一项数学证明的喜悦心情，他像小孩那样兴高采烈地声称，他给出了毕达哥拉斯定理一种证明（后来，传记作家和学者认为爱因斯坦很可能把一个已有的证明重新证明了一次。）

数学家们已经无数次地证明了毕达哥拉斯定理，证明这个定理的方法有很多种。《毕达哥拉斯命题》一书由教师和作家伊莉莎・斯科特・卢米斯（Elisha Scott Loomis）于 20 世纪初编撰，并于 1940 年出版，1968 年又由全国数学教师理事会再版。书中列出 370 种证明方式（尽管其中的许多很难看懂……）。卢米斯把证明分成四组：代数（109 种）、几何（255 种）、四元数（4 种）、动力学（2 种），这意味着它们使用了质量和速度等物理思想。

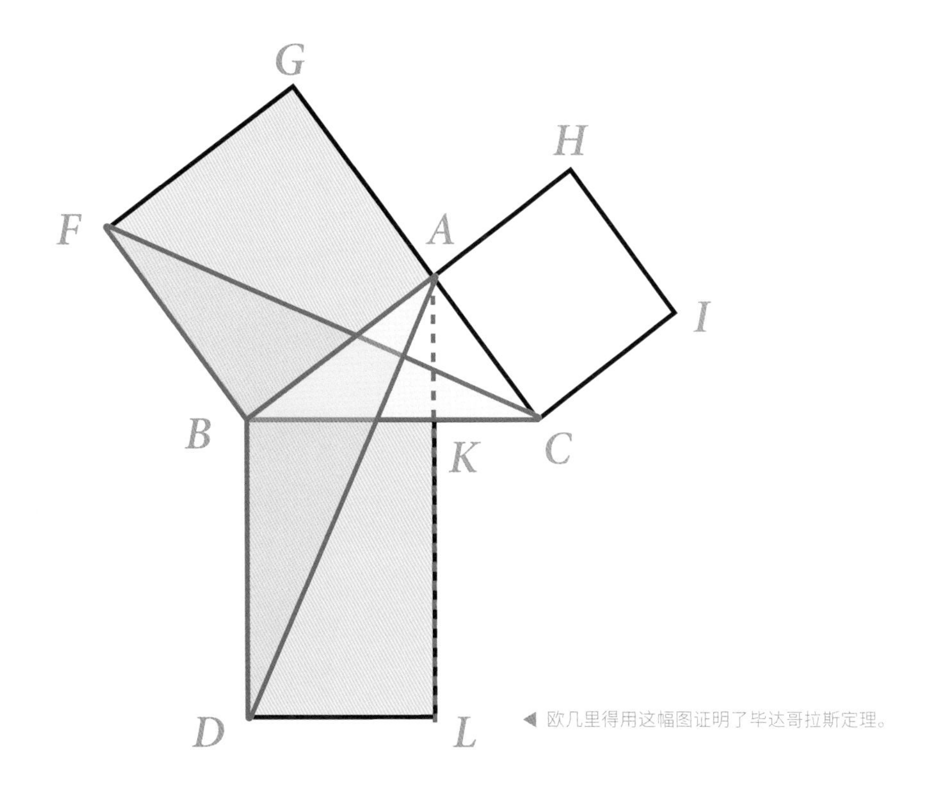

◀ 欧几里得用这幅图证明了毕达哥拉斯定理。

卢米斯的目录中包括阿布·瓦法·布扎尼（Abu al-Wafa Buzjani）的证明，他是公元10世纪的波斯数学家和天文学家，他对三角学的发展有很多重要贡献。毕达哥拉斯定理还进入过白宫的椭圆形办公室，因为这些证明中还包括美国总统詹姆斯·A. 加菲尔德（James A. Garfield）提供的一个。詹姆斯曾是一名教师，1880年当选为美国总统（就职后不久即被暗杀）。加菲尔德说，数学超越了政治。"我认为参众两院的成员可以不分党派地团结在一起。" 1876年，他在《新英格兰数学杂志》上发表了一篇关于毕达哥拉斯定理的证明，那时他已是国会众议院议员。

毕达哥拉斯定理给人以美的感受，且很容易验证：对任意直角三角形，用尺子测量它的边长，进行简单的计算后验证它是否符合毕达哥拉斯定理。同时它也是可逆的，这意味着如果你测量出一个三角形三边长并计算出它们满足平方和关系，你就可以确定这是一个直角三角形。毕达哥拉斯定理说明了数学真理的永恒性。对于约翰逊这样的艺术家来说，他一生的最后十年创作出了几十幅新画作，把这些真理变成了美的灵感。

▲ 多萝西娅·洛克伯尼在参观了秘鲁的考古遗址之后，创作了她 1971 年的作品《阶梯》，在她潜意识中与集合论的数学领域产生了联系。

第4章 从一数到无穷大

如果你开始不停地计数，就会发现没有最大的数字，也没有任何方法来数完所有的实数。只要人们一直在计数，就会感受到无穷大的概念，这个概念是不可抗拒的、违背直觉的、令人失望的，但也是令人兴奋的。数学家们使用集合论的工具来处理这个概念，集合论大约只有150年的历史，一些艺术家，比如多萝西娅·洛克伯尼，在这个领域的基础上找到了灵感。

多萝西娅·洛克伯尼

白天学绘画，晚上学数学

多萝西娅·洛克伯尼不是数学家。她是一位抽象艺术家，但她的绘画、油画和各种材料组装的艺术作品通常来自令人陶醉的数学。但是她从不写关于数学思想的文章；她只从数学中提取想法和概念，变成她工具箱中的元素，比如炭条、纸张、帆布和硬纸板。

例如，1971年洛克伯尼为了创建安装她的新作品《交集》，她重新使用并组合了两个早期作品《群》和《分离》中的组件。交集是集合论中的术语，是指一个集合与另一个集合重叠的一部分。而作品《交集》则确实是这两个早期作品的交集。这个项目引用了集合论的思想，集合论是数学的一个分支，关注集合中的事物——通常是指数字——是如何相互作用的，例如通过相交形成交集。（有关集合论的更多信息，请参见第 57 页的“艺术背后的数学：集合论”。）

她关于黄金分割的作品，也是从 20 世纪 70 年代开始，黄金比率 φ，在艺术和自然中随处可见，常常唤起人们和谐和优雅的美感。（关于黄金比率的更多信息，请见第 39–40 页）。

洛克伯尼的《柯巴 VIII 号》是树脂作品，用厚纸折叠并涂覆树脂而成，它使人们深刻感受到黄金比率在结构中的重要性。她用清漆、颜料和折纸构造出一串矩形、三角形和菱形，黄金比率 φ 就体现在其结构中，思想、艺术、绘画和数学在这个非常神秘的作品中奇妙地混合在一起。

洛克伯尼在蒙特利尔长大，从小对数学思想很感兴趣，到大学时，她说她被数学吸引住了。1950 年，她就读于黑山学院学习绘画，这是一所实验学院，依偎在北卡罗来纳州阿什维尔附近的山区。黑山学院是由一些大思想家创办并吸引了更多的思想者。

“每个人都得到了一切，”她笑着说。

洛克伯尼所说的每一个人是指她自己、她的同学和学院的教职员工，其中包括同为艺术家的罗伯特·劳森伯格（Robert Rauschenberg）和赛伊·托姆布里（Cy Twombly）、音乐家约翰·凯奇（John Cage）、作家维拉·D. 威廉姆斯（Vera D. Williams）、诗人查尔斯·奥尔森（Charles Olson）、巴克敏斯特·富勒（Buckminster Fuller）以及一大群将成为名人的人。她所说的一切，是指哲学、语言学、舞蹈、数学、绘画和摄影等等。在黑山，学生和教师协助管理着学校，不仅在教室，还是在学校农场，在建筑工程中，甚至在厨房帮助洗碗。

在那里，洛克伯尼遇到了数学家马克斯·德恩（Max Deahn），德恩与他的妻子逃离纳粹德国，于 1945 年在黑山学院定居。德恩在某种程度帮助洛克伯尼确立了艺术道路。当时洛克伯尼坐在他的数学课堂上，听不懂他的课。这门功课似乎超过了她的理解力，她宣称自己不打算学了。不过德恩不让她走，坚持让她选读自己的课程，她只好屈服了。

洛克伯尼告诉作者，“他说，我会教你艺术家的数学。”

德恩逗留在黑山学院，他把数学看作是一种学习自然的方法。他教洛克伯尼体验自然界的规律和模式。他向她展示了植物叶片在茎上的分布，是如何蕴含着斐波纳契数列的秘密和黄金比率的（见第 35–40 页）。马克斯·德恩教授数学时说：“如果你理解这些数学，你就可以理解宇宙。”洛克伯尼说：“18 岁的年轻人谁不爱宇宙，谁不想理解它是如何运行的？”

德恩的指导勾起了她的胃口。她狼吞虎咽地阅读德恩借给她的关于拓扑学、集合论和其他数学内容的书。她读了亨利・庞加莱（Henri Poincaré）的《科学与方法》（*Science and Method*），她还吸取埃德温・阿伯特・阿伯特（Edwin Abbott Abbott）《平面国》（*Flatland*）中的思维。白天她学习绘画，晚上学习数学。在德恩的帮助下，“我自学了微积分，”她说。艺术学校的课本使她感到无聊。她尤其对小说感到恼怒。她在 1972 年接受了杰尼弗・利希特（Jennifer Licht）的采访，这篇采访发表在《艺术论坛》（*Artforum*）上，她在其中表示：“因为（在小说中）女性通常被描绘成低能、傻瓜或受害者，我无法在情感上认同它们，于是我开始阅读更多的数学书籍。”

六十年来，洛克伯尼一直对数学无止境地推崇。她说：“数学向宇宙开放，”洛克伯尼一直在用艺术来表现、探索并陶醉于分析的思想中；关于无穷大、集合论和黄金比率的思考

◀ 多萝西娅・洛克伯尼的作品《柯巴 VIII 号》，它的结构灵感来自黄金比例。

扩充了她的艺术词汇。这种影响很容易从她的作品的标题中看出，在作品标题中她使用过诸如“集合”“交集”“定义域”“符号”等数学词汇。

2013 年 9 月至 2014 年初，纽约市的现代艺术博物馆对她的作品作了回顾展，其中包括她的许多充满数学和科学灵感的绘画。展品中包括《阶梯》，即本章开头展示的作品。《阶梯》是她在 1971 年用厚纸板制成的作品，用了一堆不规则摆放在一起的不同尺寸的长方体。她用原油而不是油漆来浸染纸板。那件作品蕴含了集合论的思想，尺寸形状各异的长方体拼凑在一起，分界线很整齐，就像没有交集的集合。（在一些形体的比例中，她还用到了黄金分割数。）

洛克伯尼说，创造艺术的行为与其说是创造，不如说是翻译。她说：“我得先把内含的东西表现到外面来，这样我才能从物理上看到它，这样我才能继续前进，然后再对它做点别的什么加工。”这样，她的创作过程与数学家写一个证明来验证某个猜想，并将它确定成定理的过程十分相似。两种过程都是从一个想法开始，以有形的论证来结束。

近年来，她的数学之旅进入了另一个数学分支，称为纽结理论（knot theory）。这是对纽结的种类和结构的研究，它从鞋带开始讲起，用 15 分钟的聊天，就引出关于高维纽结的深层次问题。例如，一个三维纽结总是可以在四维空间松开的。那么一个十维的纽结到底是什么样子的？从粒子物理学到量子引力，都有这个数学分支的身影。

许多人不了解洛克伯尼艺术中的数学基础。她并不为此感到沮丧，但有时他们看不见事实却让她很难过。“你为什么不能到我去的地方呢？这可真是个好地方啊！”她说。“我没有疯，我知道我在做些什么。我每天都站在一个新大陆上，尽管没有人知道我在做什么。”

她最著名的作品之一《定义域》，是 1971 年首次出现在纽约画廊的一个大型结构作品。它最近被迪雅艺术博物馆重新推荐，在纽约比肯的一家前纳贝斯克 * 饼干厂展出。1971 年的处女作是洛克伯尼的第二次个人展览。她的好朋友，前黑山学院同学，艺术家罗伯特・劳森伯格来到开幕式。

罗伯特说：“你可以称它为数学，但我只看到它的美丽。”

---

* Nabisco，美国饼干品牌。

艺术背后的数学：集合论

一直数下去会如何……

当一个人接触数学时，会感受到许多反直觉的思想，但没有一个比无穷大的思想更陌生。它既直观又不直观，看起来像是自然数的自然延伸，但它同时是完全不自然的和不可达到的。我的小儿子，在我刚写这本书的时候他才 5 岁。最近他发现了这本书，他问道："如果我不停地数下去，比 100、1000、100 万还要多，会发生什么？"

"你永远停不下来的，"我回答说。

当然，作为父亲，这是一个标准的而又是很糟糕的回答，但它也确实是正确的。很多人喜欢引用 T. S. 艾略特（T.S.Eliot）的《小吉丁》中的诗句，这听起来很深奥："终点就是我们出发的地方。"但是如果艾略特知道你说的是探索计数，他一定会逃得远远的。"无穷大"是我们给这样一个数取的名字，这个数比其他数字都要大，大到你永远达不到。戴维・福斯特・华莱士（David Foster Wallace）在他的作品《比一切都多》（*Everything and More*）中评论说："没有比无穷大更抽象的概念了。"

古人对无穷大的焦虑

在数学表示法中，为了书写微积分学中的极限，我们用一个双纽形的符号"∞"来表示无穷大，这个符号看起来像躺着打盹的"8"。因为用笔可以快速绕圈画出，我们很容易把这个数字与所知道的其他数字联系起来。数学家约翰・斯蒂威尔（John Stillwell）在他的《数学及其历史》一书中指出："关于无穷大的论证是数学的特征之一，也是它冲突的主要来源。"这种冲突是古老的。斯蒂威尔指出，希腊人"害怕无穷大，并试图避开它。但正是对无穷大理解的深入，才为 19 世纪在微积分中严格地处理无限进程奠定了基础。"

没有更多关于希腊人对无穷大感到恐惧的细节，但我想要说的是，人类对无穷大的恐惧使我们产生了焦虑，表现了人们不情愿地进入新的冒险和前沿。这是理想和经验主义思想之间冲突的一个例证。就像高维的柏拉图多面体和它们在现实世界的纷乱投影之间的冲突一样，它体现了我们用感官所感知的现实和概念化的现实之间的冲突，体现了我们观察到的世

无穷大的素数

欧几里得在《几何原本》中绕过了无穷大的话题，他常提到“延长”线段，但没有具体说明这意味着什么，其实他就是在说，直线长度是无穷大的。素数无限性的证明要归功于他，书中并没有说任何关于无穷大的东西，但他说“没有最大的素数”——我们今天认识到，这和说无穷大是一样的，里面就有无穷大。

素数是一个只能被它自己和 1 整除的数。每一个大于 1 的自然数要么是素数，要么是合数，如果是合数，就意味着你可以把它分解成素数因子。也即是说，它是素数的乘积。（数字 1 很奇怪，它既不是质数，也不是合数。）

素数序列开始的几个数是：2、3、5、7、11、13、17、19 等。欧几里得的方法是这样的：设想一个所有素数的列表，并在该列表中用 Pmax 代表最大的素数。你不必知道它是什么，只需承认它存在就行。你可以列出素数表：2，3，5，7，11，…，Pmax 。这些点代表其间的所有素数。

现在把所有这些数字相乘再加上 1：

$$(2\times3\times5\times7\times11\times\cdots\times \text{Pmax})+1$$

在计算结束时得到的数字，有两种可能。它要么是一个不在原始列表中的素数（因为它比 Pmax 还要大），要么是一个合数，可以被你原来列表上没有的素数整除。这个原来列表上没有的素数一定比列表中的素数都要大，这意味着 Pmax 不是最大的素数。而以上证明对所有的素数都是正确的，所以素数必须有无限多。

界和我们思维中的世界之间的摩擦。无穷大兼而有之，而且几乎把我们逼疯了。

为了理解我们对无穷大的现代观点，你需要从数学工具包中获得一项工具，称为集合论。数学的这个分支与逻辑和集合紧密地交织在一起。集合是放在一起的元素，元素本身是什么并不重要，重要的是集合可以是有限的或无限的；元素的顺序也不重要，但元素的数量则很重要。元素的数量称为集合的基数，是数字的数量。例如由小于 10 的偶数构成的集合，你可以这样写它：{2，4，6，8}。它的基数为 4。又如由小于 20 的完全平方数构成的集合，可以写成：{4，9，16}。它的基数为 3。如果你问，这两个集合的交集是什么，则得到 {4}，它的基数为 1。集合论通过这样的问题把我们带到无穷大：自然数集合的基数是什么？换句话说，有多少个自然数？

有些无穷大比其他的大

建立集合论的奠基人之一是 1845 年出生在俄罗斯的数学家格奥尔格·康托尔（Georg Cantor），他一生中的大部分时间是在德国度过的，他致力于研究数论，一门涉及算术、计数和数字关系的数学分支。但我们要感谢康托尔解决了关于集合的基数的问题。

150 年前，康托尔给了我们一个最叛逆的想法：那就是无限集合可以有不同的基数。康托尔认为，有些无穷大比其他的大。描述这些无穷大的数字称为“超限数”。

康托尔将自然数集合的基数定义为 Aleph_null，用集合论中的符号 $\aleph_0$ * 表示。具有这种基数的集合被称为“可数无限集合”，因为你可以对集合的成员计数，这也意味着你可以以某种方式排列它们，并确定每个成员在队列中的位置。（因为集合是无限的，计数工作不会停止，但是可以一直数下去。）

$\aleph_0$ 本身也是无穷大，它描述了整数集合的基数。还有很多其他的集合基数都是$\aleph_0$。用一点脑力就可以证明，有一些其他集合也具有与自然数集合相同的基数 。如果你想知道两个有限集合是否有相同的元素个数，这很简单：数一数。但这对无限集合来说是行不通的。而你可以使用所谓的“一一对应”来实现这一任务。

“一一对应”关系从本质上说是一种数学匹配。从一个集合中取得一个元素，然后在另一个集合中找到相应的元素。在“一一对应”关系中，每个元素都有而且只有一次匹配。这种比较基数的方法同时适用于有限和无限集合。电影《脱线家族》** 里的男孩和女孩之间“一一对应”关系可以是格雷格匹配玛西娅，皮特匹配简，博比匹配辛迪。你可以用它来证明男女两组孩子有相同的基数。不过估计你不想也不需要真的这样做。

自然数集合有一个简单的顺序，让我们确保不会遗漏任何元素，你可以简单地按递增的顺序排列它们。所以如果你想知道另一个数字集合与自然数集合是否有相同的基数，你需

---

* 读作阿列夫 – 零。

**《脱线家族》是美国情景喜剧片，讲述一个重组的家庭，女方有 3 个女孩，男方有 3 个男孩。

要寻找一种类似的排序。比如考虑偶数集合，你也可以按递增顺序排列它们，并将它们写在自然数列表的上方，如下所示：

偶数： 2 4 6 8 10 12 …

自然数：1 2 3 4 5 6 …

自然数集合中的每个数在偶数集合中都具有相对应的元素，反之亦然。我们称这两个集合元素“一一对应”，这意味着这两个集合具有相同的基数，这也意味着偶数与自然数居然是一样多。（这一事实我们可以花时间慢慢消化。但它使我们认识到：$\aleph_0$ 除以 2 或乘以 2，仍然为 $\aleph_0$。）

你同样可以证明奇数集合和自然数集合具有相同的基数，负整数集合也是如此。你也可以证明正整数和负整数合在一起的集合也与自然数集合有相同的基数，只要你把它们按如下关系对应就行：

正整数和负整数： 1 –1 2 –2 3 –3 4 –4…

自然数： 1 2 3 4 5 6 7 8…

正是因为康托尔，我们可以用数学的确定性说出，$\aleph_0+\aleph_0=\aleph_0$。这是因为它们具有相同的基数或者说有相同数目的元素。也正是因为康托尔，我们可以把这数学祝酒歌永远唱下去：

墙上有 阿列夫 – 零 瓶啤酒，

有 阿列夫 – 零 瓶啤酒。

取下一瓶喝掉它，

墙上还有 阿列夫 – 零 瓶啤酒。

连续统的基数

其他的无穷大呢，其他的超限数字呢？事情变得奇怪起来。

康托尔在 1874 年发表了一篇具有里程碑意义的论文，他在其中指出实数集合的基数不是阿列夫——零即 $\aleph_0$，而是另一种无穷大。实数包括自然数，以及自然数之间的所有数字。

也就是说，实数包括你能想到的所有分数，所有无穷小数。大家最喜欢的无理数 π 也是实数。其他的无理数也都是实数。

康托尔证明了实数和自然数之间没有“一一对应”关系，因此，它们有不同的基数。（请注意，想通这件事的一个快速方法是：如果你有两个连续的自然数，你无法在两者之间找到另一个自然数。例如，在 2 和 3 之间没有自然数。）但你没有办法把所有的实数都排列起来。它们永远不会像 1，2，3，… 那样整齐地排成一行。

（注意，这种叙述不能算是证明！这里没有引用康托尔天才且优雅的“对角化”证明，它严格证明了这些集合具有不同的基数。这里只能大体上说，它表明实数是“不可数的”，这意味着实数不能和自然数“一一对应”。我没有把康托尔的证明收录在这本书里，但有兴趣的读者值得一查。）

康托尔用字母 c 来表示实数集合的基数，他称之为连续统的基数。通过给连续统的基数指定一个超限数，康托尔为数学家提供了解释无穷大的新工具。他的工作带来了令人震惊的想法，比如无穷大有不同层次的概念，或者某些无穷大是比其他的无穷大更大的概念。这也导致了在北卡罗来纳州山区的对话，马克斯·德恩和多萝西娅·洛克伯尼在那里散步，谈论艺术和数学的交集和黄金分割率，从而推动了洛克伯尼几十年的艺术生涯。

▼ 下面两页：《门格尔海绵》是奥地利裔美国数学家卡尔·门格尔的发明，他在 1926 年向世界推出了分形集合“门格尔海绵”。这是格奥尔格·康托尔著名的一维分形集“康托尔集”的三维版本。要创建门格尔海绵，请从立方体开始。想象一下，它每边被三等分，于是立方体被分成 27 个较小的立方体。然后取出最中心的小立方体以及每个侧面的中央小立方体，剩下 20 个小立方体。现在，想象一下，对这 20 个小立方体中的每一个都继续做同样的操作，无穷地做下去，就得到“门格尔海绵”。这幅图像使用“门格尔海绵”作为基本单位，形成了奇妙而扭曲的景观。

▲ 乔治·哈特的雕塑《尚普》，直径 4 英尺（约 1.2 米），安放在佛蒙特州曼彻斯特的博安博顿学院。它的 30 个相同的组件模仿了一群海怪——尚普兰湖的传奇生物。

纵观历史，来自各个学科的思想家都给柏拉图多面体 * 赋予了近乎神秘的性质。认为它们隐藏着宇宙深处的奥秘。它们看来很简单，但总给人看不透的感觉；人类花了几千年的时间去探索多面体。它们，特别是三维的柏拉图多面体，使我们感到愉悦，同时给我们带来无穷的困惑。它们对艺术家们也具有天然的吸引力，艺术家们常坐在这些几何学的基石上面沉思，寻找灵感和神秘。

乔治・哈特

大众的数学艺术

数学雕塑家乔治・哈特说：“幼儿园的孩子们对于做数学家有这样一种感觉。”他刚刚告诉我他的探索：他让五六岁的孩子去搭建模型房子。我问过他孩子们是否知道他们在做什么。他说，孩子们当然知道，他说：“他们很乐意玩耍和实验。他们充满好奇心，对模型有很大的兴趣，他们完全不懂得害怕。他们尝试各种想法，看看会发生什么。”

哈特说，数学是一门观察模式的科学。模式随处可见：在音乐中，在照片中，在建筑

* 即正多面体。

中都有，水晶的形状或地球的轨道倾斜也是一种模式。成年人常常要学会用数学来理性地看待世界，但是哈特说，孩子们有一个优势，那就是他们自然而诚实地看待世界。但随着年龄的增长，他们就会失去这个优势。

哈特经常进行雕塑建筑探索活动，带领他的观众，甚至是幼儿园的儿童，进入数学景观的各个角落，如拓扑学、立体几何学和群论。[群论是对模式的数学研究。它最著名的开创者是埃瓦里斯特·伽罗瓦 (Evariste Galois)，他于 1832 年死于一场决斗，年仅 20 岁。有关该领域的更多信息，请参见“艺术背后的数学：群论”，第 206 页。]

> “我们有一种文化，它传递了数学很难的观念……而不是展示它的创意和美丽。”
>
> ——乔治·哈特

哈特用他的雕塑作品和手工作坊来挑战数学的教学方式。在纽约石溪的家中他说：“标准的学校课程只会让你经历数学的一小部分内容。” “我们有一种普遍的文化观念，即数学很困难而且没有乐趣，数学是对你的折磨，而不是展示它的创造性和美的一面。”

许多人把数学与痛苦的乘法训练和死记硬背的几何证明联系起来。学生通常不会感觉到这门学科的美妙、优雅和神奇的一面。直到进入大学里的数学学习。到那时，往往为时已晚。许多可能成为数学家的人已经选择了其他的领域。

哈特定期访问世界各地的中学和大学。当我们访谈的时候，他刚从越南的五所学校回来，他在那里作讲座，并帮助那里的团队建造了定制的大型几何雕塑。在他离开后很长的一段时间里，这些雕塑都将屹立在那里。这些项目把团队建设和自学数学课结合起来。

在哈特的一生中，他一直在用他在周边寻找到的材料建造几何雕塑。他记得他还是个孩子时，第一个作品是一个对称的奇怪玩意，由许多牙齿制成。他用过刀、叉子、勺子、光盘、软盘、铅笔、回形针、画笔和牙刷等来制作三维艺术品。他的大部分作品来源于柏拉图多面体，这是由一些二维平面上的多边形通过边和顶点连接组成的形体。(见第 68—73

页“艺术背后的数学：多面体家族”）。

他说：“从某种意义上说，我总是从让我感兴趣的数学开始，并试图把它变成物理的东西。”20 世纪 90 年代初，他开始创作雕塑，当时他还是长岛石溪大学通信理论与工程专业的一名教授。一开始雕塑只是一种爱好，他说：“后来，它渐渐变成了一种痴迷。”

1999 年，纽约市的沃帕尔画廊正在展出 M.C. 埃舍尔的作品，布展方同意同时展出哈特的一些作品。他说：“这让我意识到我是个雕塑家。”

现在，他有一间家庭工作室，里面装满了砂轮和锯子等工具，还有激光切割机和 3D 打印机。他的工具库里还包括一些他自己制作的工具，这些工具可以按他的要求固定、弯曲和改变材料，没有任何现成的设备可以做到。

第 64 页上的作品《尚普》取材于一条巨大的海蛇，据民间传说，它在佛蒙特州和纽约边界的尚普兰湖 * 的黑暗深处潜伏游泳。哈特早在十多年前就有了这样的想法。他制作了一个名叫“怪物”的纸质版本，展示在他的书架上，直到他等到一个合适的出资者。

完成的雕塑有 4 英尺（1.2 米）高，由 30 个相同的木片状构件组装而成，每片构件都像是一条欢乐的两头蛇的形状。这些蛇在嘴和脚上互相连接。这座雕塑完全组装成功后有 30 个面。对应于一个称为菱形三十面体的多面体 ** 的各个面。这些木片被涂成五种颜色，每种颜色有六片。组装时使六片相同颜色的木片平行或成直角，彼此交叉穿插而互不接触。哈特创造了雕塑零件的塑料和木制模型供练习，他在佛蒙特州曼彻斯特的博安博顿学院招募学生，完成了最后的组装。

◀ 乔治・哈特的这件雕塑作品被命名为《Frabjous》，源自刘易斯・卡罗尔的“Jabberwocky”的起名创意。

* 尚普兰湖也是世界上声称存在湖怪的地方之一。“尚普兰湖怪”堪称是美国版的尼斯湖怪。

** 不是正多面体，是正多面体的一种扩展，见下文。

上页左下方的作品名为《Frabjous》，跟刘易斯·卡罗尔的“Jabberwocky”* 一词一样，它既是一个雕塑，也是一个谜题。它高 11 英寸（28 厘米），用山杨木制作。有 30 片相同的组件，每片呈 S 形而且有两个孔，组装在一起成了这件雕塑作品。这件作品的一个巨型版本出现在 2012 年内华达州的里诺以北 120 英里（193 千米）举办的“火人节”上。

哈特不仅热衷于培养下一代对数学的热情，他还希望他们自己去发现数学。由于材料成本等因素，他的雕塑制作成本可能高达数万美元，而公立学校往往没有预算。在过去的几年里，他和数学教育家伊丽莎白·希斯菲尔德（Elisabeth Heathfield）一直致力于使雕塑更便宜的项目计划，让任课教师可以在课堂预算之内承受，甚至利用可以下载的视频。该项目被取名为“使数学可视化”。

他还是另一个努力扩大数学吸引力的项目的先驱者。哈特帮助创建了“数学博物馆”，这是美国唯一的数学博物馆，于 2012 年在纽约市开馆。哈特在它的设计和内容上花了五年的时间。自开放以来，超过 50 万人参观了这家博物馆。

哈特希望“数学博物馆”只是数学“正常化”趋势的开端，他希望数学像我们的语言一样普及。他和希斯菲尔德设想了一个世界性的数学中心网络，功能类似于图书馆，作为公共空间，人们可以聚集在网上一起学习和分享有关数学的想法。

艺术背后的数学：多面体家族

多面体的五大成员及其拓展，神秘的行星轨道

柏拉图多面体（即正多面体）很特殊，在三维空间只有五种正多面体可以存在。它们包括立方体，它有 6 个正方形面；正四面体，它有 4 个正三角形面；也包括正八面体，它

* Jabberwocky 是童话作家刘易斯·卡罗尔的自造词，意为“无聊的话”，后来在《爱丽丝梦游仙境》中被用作一条恶龙的名字；而哈特在这里将作品命名为“Frabjous”，该词有“壮丽的”的意思，但这里仅作为作品名，其含意由参观者自行揣摩，因此称之为谜题。

有 8 个正三角形面；正二十面体，它有 20 个正三角形面；最后是正十二面体，有 12 个面，都是正五边形。

这是一张它们排成两排的照片：

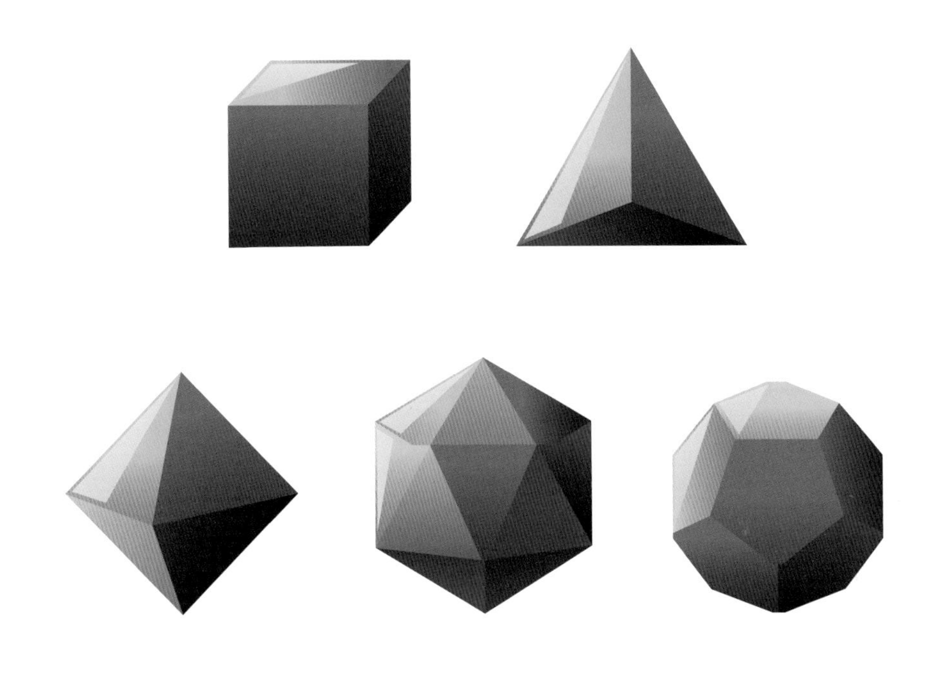

▲ 柏拉图多面体

几千年来，人们一直在赞美、分析、改造这些形体，甚至将它们神圣化。它们确实很特别，因为它们是仅有的五种的正凸多面体。首先，它们的面必须是正多边形，而且必须是相互全等的。（这意味着它们的大小和形状是一样的。）其次，每个顶点有相同数目的面在此相交。

我们称它们为柏拉图多面体，是因为希腊天文学家柏拉图在公元前 360 年左右在其著作《蒂迈欧篇》（*Timaeus*）中描述了它们，但希腊人并不是唯一知道它们的人。

一些学者认为，在苏格兰发现过一些雕刻过的石头呈现出柏拉图多面体的形状，每一块都有棒球那么大，这表明一些古老的文化可能至少在柏拉图之前一千年就已经知道柏拉图多面体了。

但对此也是争论不休：批评人士反驳说，在发现的数百个石球中，只有少数雕刻得有点像柏拉图多面体。它们并不比其他形状更特别，只是数量稍许多一点而已。而且没人知道这些球是用来做什么的：艺术品？博奇 * ？保龄球？你可以在牛津的阿什莫尔博物馆看到其中的五个。

柏拉图不仅描述了这些多面体，他还非常崇敬它们。他把其中的四个同当时认为构成世界的四大基本元素"火、土、水、气"联系起来。正四面体代表"火"；立方体代表"土"；而"水"由正二十面体代表；"气"则对应于正八面体。对于剩下的正十二面体，柏拉图在《蒂迈欧篇》上写道："神使用正十二面体来安排整个天空星座的秩序。"

在《几何原本》中，欧几里得证明了只能有五种柏拉图多面体，不可能再有多的了。他的推理是这样的：一个正多面体是将一些平面上的正多边形连接在一起而形成的。它们的边必须互相重合，它们的顶点也必须互相重合，而只有五种方法可以做到这一点。有趣的是：在四维空间中，你可以有六种柏拉图多面体（应该称为柏拉图多面体的四维版本），但在五维或更高的维度的空间中，则只有三种。

柏拉图把正多面体和神圣的几何学联系起来，但他并不是唯一这样做的人。1596年，德国数学家和物理学家约翰尼斯·开普勒（Johannes Kepler）发表了《宇宙奥秘》（*Mysterium Cosmographicum*）一书，当年他只有 24 岁。他笃信上帝是按照柏拉图多面体来建造太阳系的。

这本书是宇宙学文集的先驱者。其中包含宇宙的秘密；关于令人惊叹的天球的比例，天球的数量、大小和周期运动的真实而特别的原因；都建立在几何中的五个正多面体之上。你可以理解为什么人们会如此钟情于《宇宙奥秘》了。

当时天文学家只知道六颗行星。开普勒想知道为什么会有六颗行星，为什么它们会以交错的方式，沿着递增的轨道绕太阳运行。柏拉图多面体给了他一个答案。开普勒纯粹是凭借着想象力，在没有任何证据的情况下，将行星轨道和正多面体联系在一起。

想象一下，你在每个柏拉图多面体周围画上一个外接球面。开普勒指出，通过使用特定（但看起来是随意的）顺序将这些球体和正多面体彼此嵌套在一起，你就可以得出一个几何构型，在这个几何构型中，柏拉图多面体之间的距离和行星轨道之间距离的比例刚好是一样的。如右图所示：

---

* 意大利草地滚球。

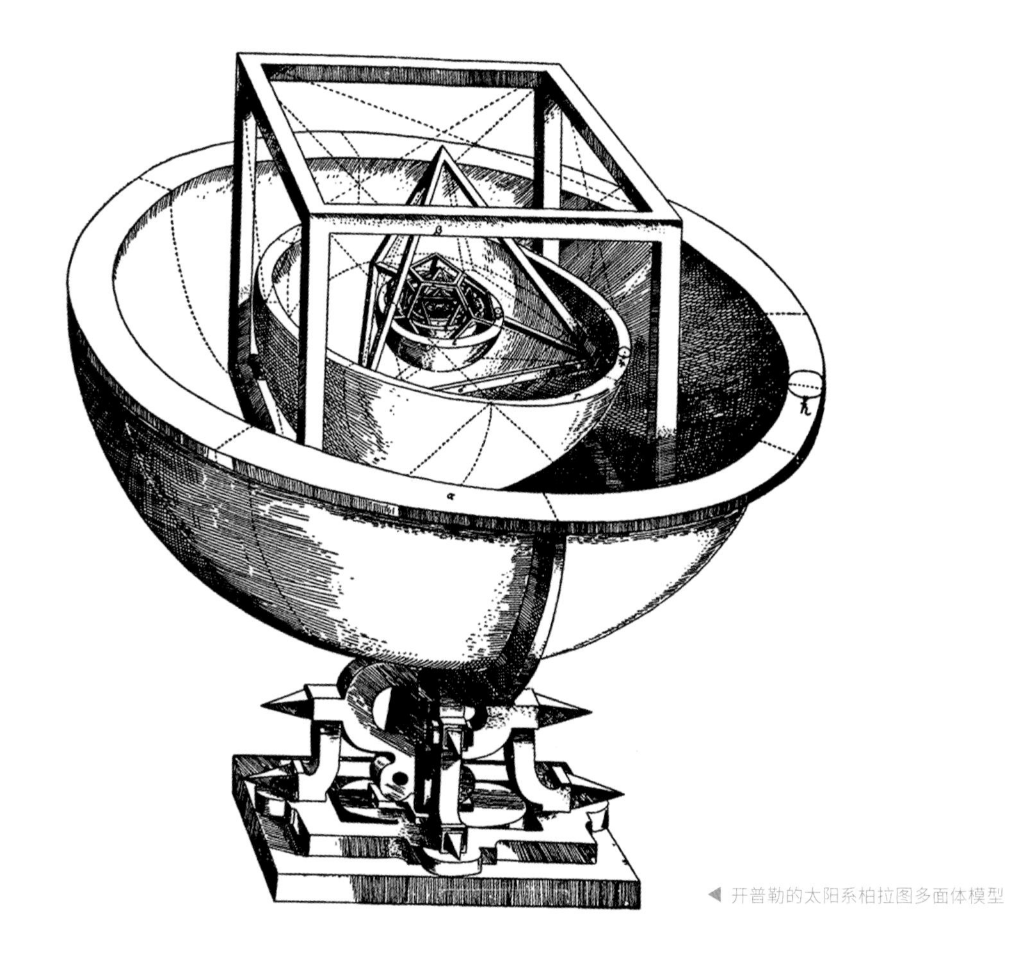

◀ 开普勒的太阳系柏拉图多面体模型

开普勒认为它是一只迷人的碗。“地球的轨道是衡量所有事物的尺度；它的轨道在一个球面上。框住它的轨道球面的是一个正十二面体，而包围这个正十二面体的圆球面则是火星的轨道；再往外面，框住火星轨道球面的是正四面体。”开普勒写道。“你现在知道行星数目是六个 * 的原因了。”

开普勒相信柏拉图多面体和行星的轨道，以及自然界的所有比例，都是由上帝决定的。他在 1621 年《宇宙奥秘》再版时写道：“数学为什么是自然事物的原因，上帝造物把数学作为最简单神性的永恒原型。这些原型来自抽象的概念，甚至是数量本身。”

---

* 因为只有五种正多面体及相连的六个球面。

开普勒的研究在许多方面都是出于宗教的追求。但在 2011 年，波士顿大学的天文学家肯尼思·布雷彻（Kenneth Brecher）指出，将《宇宙奥秘》看成科学研究的一个重要转折点是出于其他原因。开普勒想知道行星轨道这样安排的意义，他超越了观察手段，而大胆使用数学上的因果关系。虽然他调整了他的柏拉图多面体模型，直到它与行星的轨道大体一致，但这充其量只是一个巧合。在 1979 年的《开普勒传记》中，著名的科学史学家欧文·金格里奇（Owen Gingerich）指出："在历史上，很少有一本错成这个样子的书能如此广泛地指导我们未来的科学进程"。

几个世纪以来，数学家们用其他方法来扩充和探索柏拉图多面体。例如，你可以作星形扩展。你可以选择正多面体的一个面，然后把它相邻的面所在平面延展，直到它们相交。对所有的面也都这样做。例如，这就是一个开普勒称之为星形八面体的星形多面体：

◀ 星形八面体

还有其他的多面体家族。有 13 种阿基米德多面体（见对页图），它们的边都具有相同的长度，但是由两种或更多种的正多边形组成。就像柏拉图多面体一样，它们具有高度的对称性，这使得它们作为研究群论和晶体形状的人来说很有吸引力。

而且，正如你可能想象的那样，你也可以用星状扩展法或其他方式修改阿基米德多面体，从而产生非常复杂的形状，比如图中的 dodecadodecahedron 和 great icosidodecahedron。（这些多面体的名称术语中的任何一个都没有收录进入官方的"拼字游戏词典"或"拼写检查器"中，你会觉得很费解。）*

* 因此译者也无法将其译成规范的中文。

长期以来，艺术家们一直对这些形体非常入迷，这些形体既是数学的主题，也是艺术的主题。甚至连达·芬奇也爱在笔记本上涂鸦多面体。(达·芬奇对几何非常感兴趣，他推荐了一种描绘多面体的风格，就是只画它们的边，这样才能让观察者看透多面体，看到它们顶点是如何连接的。) 柏拉图多面体的魅力持续了几个世纪，对哈特这样的艺术家来说，他们从中找到了诠释经典的新方法，展示了柏拉图多面体的永恒。

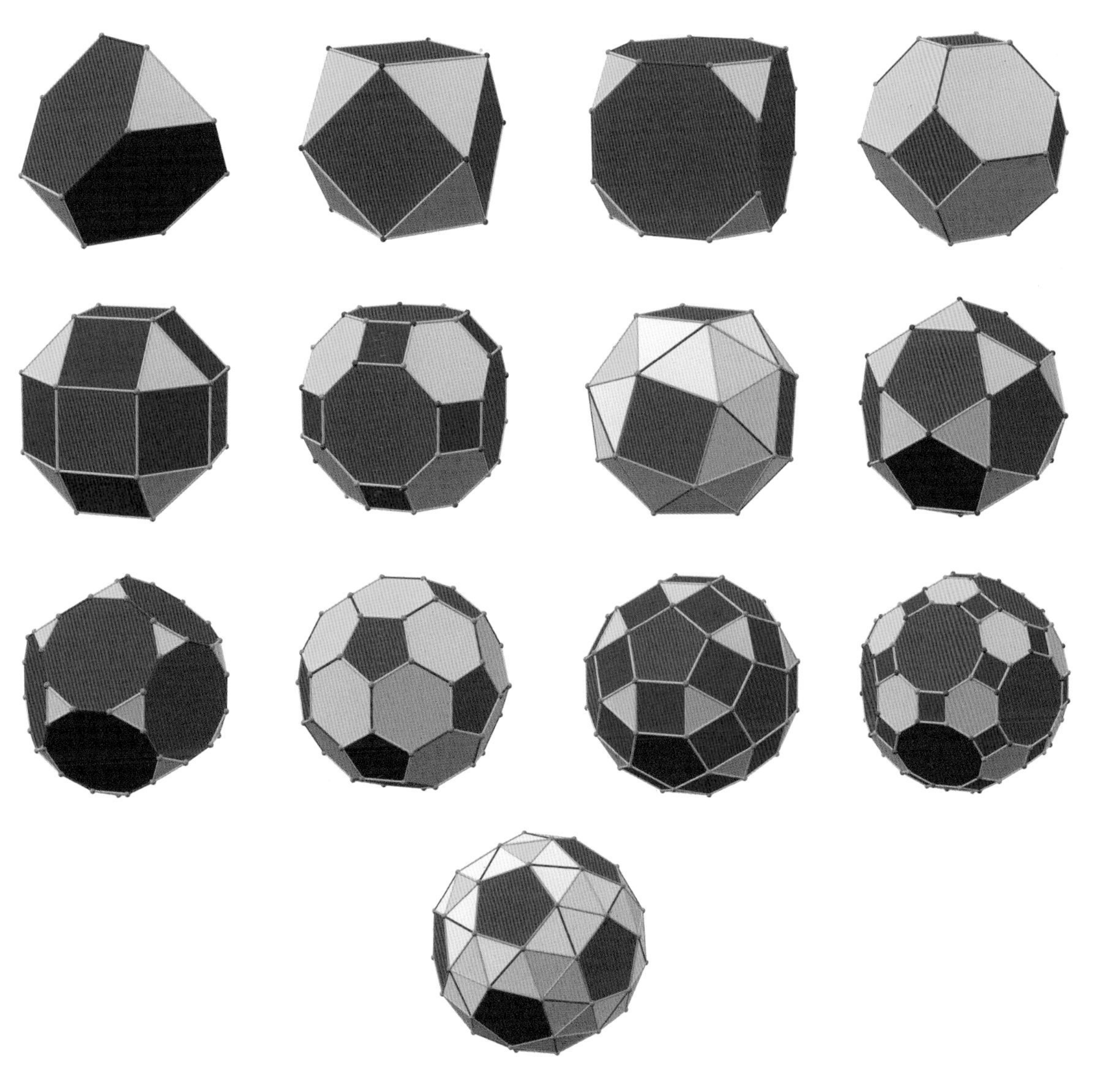

▲ 13 种阿基米德多面体

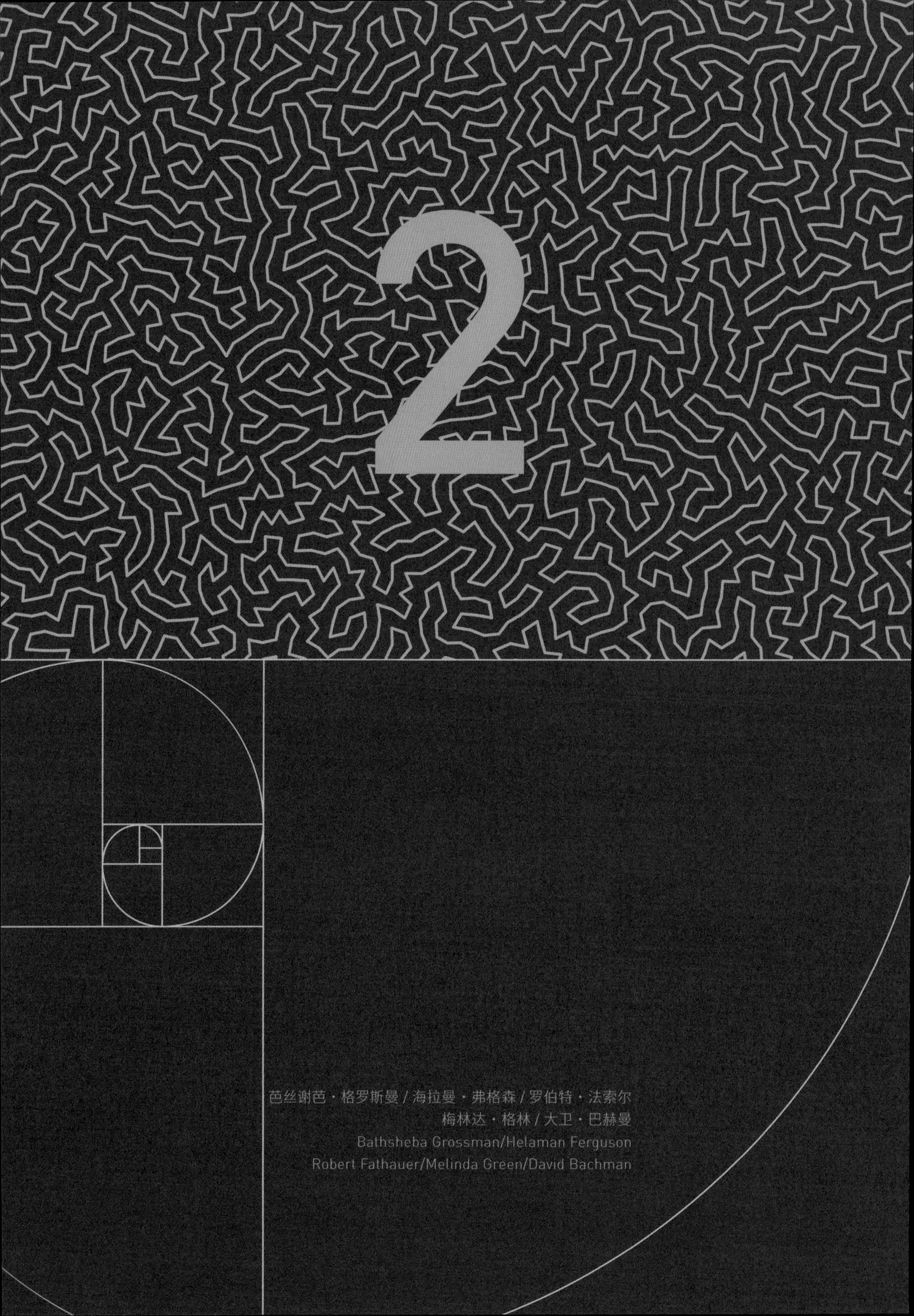
2
芭丝谢芭・格罗斯曼 / 海拉曼・弗格森 / 罗伯特・法索尔
梅林达・格林 / 大卫・巴赫曼
Bathsheba Grossman/Helaman Ferguson
Robert Fathauer/Melinda Green/David Bachman

第二篇

奇怪的形状

大多数人把空间想象成一个房间，或者想到外太空，或者是包含在三维空间中的所有事物。而数学家用方程式、矩阵和运算来定义空间，描述空间或转换空间。本篇介绍的艺术作品通过空间的填充（如海拉曼·弗格森的作品）或空间的分割（如芭丝谢芭·格罗斯曼的作品）来描述这种空间的数学含义，或者从一个空间转换到另一个空间。

▲ 芭丝谢芭·格罗斯曼制作的《螺旋体》是基于物理学家艾伦·肖恩在 20 世纪 60 年代发现的一个“极小曲面”。

第 6 章
空间与超越

雕塑家欧文·豪尔（Erwin Hauer）在美国康涅狄格州生活和工作，他以用波浪形的重复起伏的图案构造墙壁和屏风而闻名。当光线穿过这些墙壁或屏风时会形成奇特的光影效果。豪尔因此被称为“模块化结构主义者”。他的设计往往是由混凝土和石头制成，形成有空洞的连续而弯曲的表面。虽然他不是数学家，但他似乎会说他们的语言。他在一次采访中告诉我：“不知何故，我的头脑与数学相关的部分有一种感觉，好像是在右脑有一些波动。”他的艺术与无穷大和对称性产生共鸣。豪尔于 2017 年 12 月去世。我在 2012 年采访过他，当时我正在为《美国科学院院报》写一篇关于他的学生，数学雕塑家芭丝谢芭·格罗斯曼的文章。格罗斯曼是一位在艺术中使用 3D 打印技术的先驱者，我将在本章中介绍她的作品。

豪尔说，他认为格罗斯曼是个天才，她的知识是数学的，但她的表现形式却显然是雕塑。格罗斯曼的许多作品都是用重复的图案和造型填充整个空间。格罗斯曼用这种精准重复的胞体，充斥庞大的幕墙，延伸到无穷。

芭丝谢芭·格罗斯曼

风格和对称……

第 76 页上显示的这个扭曲的东西，是芭丝谢芭·格罗斯曼遇到的一个奇怪的螺旋体。那是在第四届加德纳聚会上。马丁·加德纳（Martin Gardner）聚会每两年在亚特兰大举行一次。这些聚会风趣而热烈，聚会为马丁·加德纳祝福，加德纳是美国著名的娱乐数学家，他充满激情、机智和幽默，吸引了众多崇拜者。加德纳是一位数学家和作家，几十年来，加德纳为《科学美国人》撰写专栏文章。他认为数学是为了好玩，每两年一次的聚会让来自世界各地的人聚集在一起，分享这一理念。（加德纳于 2010 年去世，他本人只参加过两次聚会。）

正是在 2004 年的聚会上，格罗斯曼遇到了艾伦·肖恩（Alan Schoen），他是一位热衷于建造奇异的几何玩具模型的物理学家。这个螺旋体是肖恩 1968 年发现的，它在许多方面都很特别，科学家们还在不断地发现它的更多的特别之处。（有关螺旋体的数学、发现和观测的更多信息，请参阅“艺术背后的数学：走近螺旋体”，第 82 页）

当格罗斯曼看着肖恩的手工模型时，她有了一个主意。她觉得自己能做点什么。她一直在试验一种名为“曲面生成器”的新计算机程序，它能为数学家设计肥皂泡。在某种意义上，螺旋体也是一种复杂的肥皂泡。曲面生成器是由位于宾夕法尼亚州塞林格罗夫萨斯奎汉纳大学的数学家和肥皂泡膜专家肯·布拉克（Ken Brakke）开发的。只要给定条件，它就能计算出某“极小曲面”，即表面积最小的曲面。格罗斯曼回家后，为肖恩的螺旋体创建了一个计算机模型，然后将这些计划提交给了 ExOne 公司，这是当时的一家为用户定制钢制模型的商业公司。

多年来格罗斯曼一直就是 3D 打印的粉丝和追捧者，也是 3D 打印刷数学艺术的先驱。她出生在马萨诸塞州的一个作家家庭中：她的母亲发表过小说，她父亲是位诗人，两人都是英语教授。她的兄弟们，奥斯汀（Austin）和莱夫（Lev），也写过小说；莱夫写的《魔法师》是最畅销的幻想系列并拍成了电视作品。格罗斯曼开玩笑说：“只有我是一个另类。但亲人们对我没有成为一名作家并没有感到失望。我是一名艺术家，这就够了。”

格罗斯曼很早就知道自己不是作家的料，她所擅长的是计算机编码。她在 20 世纪 80 年代末上过耶鲁大学，并选修了以模块化的建构主义而闻名的欧文·豪尔（Erwin Hauer）的艺术课（她半开玩笑地说，她进入豪尔的班主修的是数学，然而离开时却成了一位雕塑

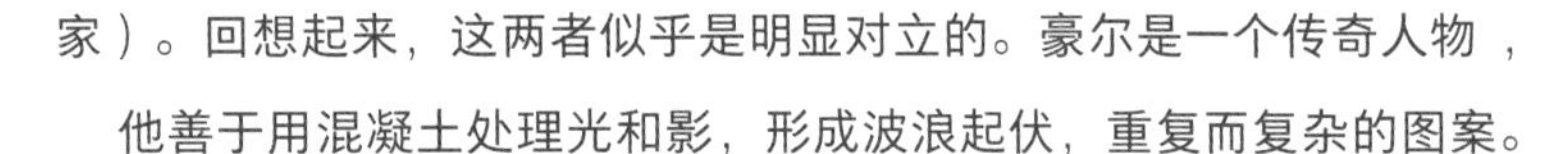

家）。回想起来，这两者似乎是明显对立的。豪尔是一个传奇人物，他善于用混凝土处理光和影，形成波浪起伏，重复而复杂的图案。虽然他没有经过正式的数学家训练，但他的灵魂却具有数学属性。

格罗斯曼的作品规模远小于豪尔的作品，并常常用钢铁制作。但她的作品显示出了一种相似的亲和力，即寻找严格的、数学上的，而且是完美脱离现实的方法。“我唯一擅长的是写代码，”她说，“但我想做一个物理上的实体。”

格罗斯曼从 1992 年开始与数学艺术团体建立关系，当时她参加了由纳特·弗里德曼（Nat Friedman）在纽约州立大学组织的艺术和数学协会。弗里德曼把几十个人聚集在一起，格罗斯曼估计有大约 100 人，他们对这个主题非常感兴趣。“关于埃舍尔的讲座就举行过 75 次，”格罗斯曼笑着说。

从 20 世纪 90 年代末到 21 世纪初，她开始用

“很长时间里，我一直在设计未来。”

——芭丝谢芭·格罗斯曼

计算机辅助设计（CAD）来创建几何实体的虚拟雕塑。然后，她将代码发送给了造型设备，这些设备可以实时“打印”原型。这个时期离每个图书馆、中学和个人爱好者都有 3D 打印机的时代至少还有十年以上。但这是 3D 打印的曙光。“很长时间里，我都在设计未来”，格罗斯曼说。

她的作品将轻松的新颖性和严肃的数学结合起来，它们是好奇心与数学严谨性的碰撞。她设计了一个含有 120 个胞面的笼子，如图所示。这个笼子有 120 个正十二面体作为

▲ 这个名为《120 胞体》的雕塑，由芭丝谢芭·格罗斯曼制作，它回答了一个问题：如果你将四维空间的物体“120 胞体”（它由三维空间中的 120 个正十二面体在四维空间组合而成，是四维空间中的正多面体之一）投影到三维空间会是什么形状。

"胞面"，这是一种四维形体在三维空间上的投影。（根据格罗斯曼的说法，"四维空间最大的特点之一就是它有六种四维的正多面体，比五种三维柏拉图多面体还要多。"）她从乔治·哈特（George Hart）那里得到了这个 120 个"胞面"的创意，哈特的作品在前面的第 5 章中有介绍。这些年来，她出售过根据哈特设计制作的模型，并向哈特支付了版税。

她设计了一个克莱因瓶形状的开瓶器，它看起来像一个自身折叠的丰饶羊角。克莱因瓶是一个数学对象，无法在我们的三维世界中完美地呈现，它的内部和外部属于相同的面（参见"艺术背后的数学：拓扑学"，第 126 页）。她的雕塑出现在电视剧《数字追凶》* 的背景里，也常出现在关于数学艺术的杂志文章中。2007 年，《时代》杂志将她作品评为"设计 100"之一，这是影响世界设计的艺术家、建筑师和其他创意人的名单。她最近的一些作品是把奇怪的几何组合在一起的生物体。具有生物特征：有触角的柏拉图多面体或带尾巴的四维多面体。（她几年前告诉我："它们结合的后果是，没有人愿意买"。）

格罗斯曼是第一批在"Shapeways"开店的艺术家之一，"Shapeways"是一家为客户定制 3D 打印雕塑的公司。她有多年的领先优势，但优势并没有持续多久，市场很快就拥挤不堪，压低了对她的雕塑的需求。她说："现在大约有一百万其他艺术家进入了这个市场，竞争变得更加激烈。这不是我想要的未来，但是……"

随着 3D 打印机的普及，越来越多的人学会了如何在三维环境下使用计算机辅助设计，因此可以很容易地复制和共享可打印的设计。不需要为《螺旋体》付钱给格罗斯曼，人们就可以自己打印了。廉价的金属 3D 打印的普及意味着格罗斯曼面临竞争，她看到自己的生意正在下滑。

但格罗斯曼没有放弃 3D 打

* 美国悬疑电视剧。

印的设计，她已经扩大了她的产品目录，包括各种不同风格的雕塑。在马萨诸塞州萨默维尔的家中，她用激光蚀刻在玻璃形体的内部“作画”。她已经制作了银河系的模型，驱动细胞功能的生物蛋白质构造模型，咖啡因分子的化学结构模型，以及《斯隆数字巡天》（*Sloan Digital Sky Survey*）中描述的宇宙结构模型。

▲ 打开瓶子的一种拓扑方法：芭丝谢芭·格罗斯曼的克莱因开瓶器，它是一种有用的厨房设备。想象一下只有一个面的克莱因瓶。

◀ 一个立方八面体有六个正方形面和八个三角形面。它的灵感激发芭丝谢芭·格罗斯曼创作了《米达伦》（*Metatron*），如图所示。

艺术背后的数学：走近螺旋体

最小表面与番茄酱的秘密

芭丝谢芭·格罗斯曼的一件名为《螺旋体》的雕塑作品很受欢迎（见第76页），多年来，各杂志上的数学文章都会时不时登载格罗斯曼《螺旋体》的图片。这在一定程度上是因为《螺旋体》看起来确实像数学的化身：它很难理解但很吸引人，这是一个使人着魔的迷宫，就像数学本身一样。但是《螺旋体》还有着传奇的故事背景和丰富的现实价值。它也是大自然的基石之一，不会自己消失。

炫丽的肥皂泡

这个故事始于20世纪60年代末，当时美国国家航空航天局（NASA）运营着一个宁静但在政治上有争议的设施，名为“电子研究中心”（Electronic Research Center）。这是位于马萨诸塞州剑桥的一座四方形的建筑，与麻省理工学院校园的一些主要建筑隔街相望。那里的科学研究近乎科幻：科学家利用全息图来存储遥远星星的数据，他们还开发了与航天器远距离通信的新方法。但是其中有位研究人员，物理学家艾伦·肖恩却与众不同，他致力于研究空间各种理念。

肖恩早就是个怪人。在他的博士论文中，他研究了随机游走和扩散——这是一种理解粒子如何在流体中运动的方法。他还对以平面多边形为面、直线为边的多面体产生了强烈的兴趣。更重要的是，他对用肥皂、木头和纸板动手制作多面体模型产生了浓厚的兴趣。“我的论文导师很不满意，”肖恩在一次采访中告诉我说。“他给我取了个‘婴儿开普勒’的绰号。”

但是，这项工作促使他开始研究“极小曲面”，这是“肥皂膜”的数学代名词。“极小曲面”很容易制造：把铁丝框架拧成一些封闭的形状，再将它浸入肥皂溶液中，然后取出来。令人惊叹的现象出现了：连接在框架上短暂而透明的肥皂膜闪闪发亮，光彩夺目。然而这就是一张“极小曲面”。用科学语言来说，它是具有最小的表面张力的曲面。它看起来有些松弛，就像没有人跳的蹦床的床面。对于给定的边界，“极小曲面”具有最小面积，至少在局部是如此。

如果你把一根铁丝拧成一个圆圈，然后把它浸在肥皂水里，你看到的圆形平面膜就是一个“极小曲面”。你可以用铁丝框架形成三维的“极小曲面”。（无论你是个多么能干的线材弯曲师，你肯定只能止步于三维空间。）但如果配备一些数学方程式或可视化软件，你甚至可以研究更高维的“极小曲面”并将它可视化。

数学家们研究“极小曲面”的性质有 300 多年了。例如，他们已经证明，三维空间的肥皂泡的膜代表着包含给定的体积的面积最小的曲面。（换句话说：肥皂泡以最小表面积的形状包围了最大的体积。）肖恩很高兴地指出，1966 年，意大利物理学家维多里奥·鲁扎提（Vittorio Luzzati）首次证明了肥皂的晶体结构也是一个“极小曲面”。“这个发现表明，肥皂不仅是我们凡人用来模拟‘极小曲面’的物质，它本身也被造物主塑造成了‘极小曲面’”肖恩告诉我说。

闯入者的“不太可能的发现”

在 20 世纪 60 年代，肖恩并没有使用肥皂。他使用薄纸粘贴或塑料注塑制作模型，他在黑板上写满方程式，寻找周期性的“极小曲面”。你不要被周期性这个词所迷惑，它只是意味着曲面是由重复的片段组成。也就是说，如果你有无限多的某种周期性形体，并将这些形体排列堆叠在一起，它们可以在没有缝隙的情况下组合起来。例如立方体和长方体就是周期性的。

1968 年情人节那天，肖恩突然有了一个发现，使他的名字在这个领域永载史册。他在研究“极小曲面”的纸糊模型时，偶然发现了一个从来没有人描述过的模型。他给它起了一个响亮的名字，称之为“螺旋体”。（在肖恩之前，数学家用一种复杂而不透明的命名系统来命名曲面，让人们很难理解。）不久，肖恩开始听到传言，说美国宇航局的老板不认可他的工作。“有人告诉我，那里的一些官员说我成天‘玩肥皂泡’”。他在《肖恩的几何学网页》上的一篇文章中充满激情地讲述了这一发现。

“螺旋体”像是一种扭曲的怪兽，观众要花好几分钟才明白他们到底看到了什么。这就是为什么它在数学上很酷的原因：“螺旋体”是三周期的形体，这意味着它在三个维度中不断重复自己。如果你把一堆这样的“螺旋体”前后上下堆砌起来，它们会把整个的空间分成两个相同大小的迷宫，每个迷宫完全由螺旋形的隧道连接组成。

有两个原因可以说明为什么这个发现是一件大事。首先，数学家们自 1883 年以来就没有再发现任何新的三周期的“极小曲面”，他们也不认为有更多的曲面存在。其次，肖恩甚至不是数学家，他只是个好奇的物理学家，他在业余时间不停地摆弄几何图形。他就像数学天才一样出现在韦斯·安德森（Wes Anderson）的电影里。他还在伊利诺伊州卡本代尔家乡的当地的爵士乐队中演奏单簧管。 他开发过一个网页，专门讨论几何学中的各种形体，取名叫“几何 Garret”。

他对自己的方法一点也不炫耀。“我迷失方向了，”他告诉我。“不，也许用摸索这个词好听一点。我摸索着用这种或那种方法来扩大‘极小曲面’的家族。”他说他的激情和努力，使他置于雕刻家和数学家之间，说是雕刻家，实际上又不会雕刻，说是数学家却又不愿意自己解方程。

这个“螺旋体”在剑桥传得很神。“麻省理工学院到处都在传说，街对面那个疯狂的不着调的家伙发现了一个有趣的周期性‘极小曲面’，”他回忆道。很快在晚上，科学家和艺术家们就偷偷地穿过马萨诸塞大道想去看一看。肖恩说，数学家们最初对此不屑一顾。

“他们意识到，这位名叫艾伦·肖恩的闯入者在这一领域是个不合格的专家，他使用物理方法，只用了他们称之为必修课的不算复杂的一点数学知识就来从事跨界的研究，”肖恩说。他说：“我所做的并没有错，这只是另一种看待问题的方法。我的方法并不完全严谨，但我的想法是正确的。”

“螺旋体”无处不在。2008 年，研究人员证实，蝴蝶的翅膀依靠“螺旋体”形状的结构来产生怪异的微光。其他的研究也发现了深藏在生物体内部的“螺旋体”。“螺旋体”出现在生命本身的结构中，细胞之间的膜上。它们也出现在自组装聚合物、光学装置和机械结构中。在遥远的太空里，中子星是恒星的致密残骸，它大到足以以超新星形式爆炸，但又不足以塌缩成黑洞。中子星的外壳很可能含有一种叫作“核面团”的简并物质，它在某个相位呈现“螺旋体”的形状。2004 年，计算机科学家进行了一次大规模的研究。该项目试图确定两种物质之间可能存在的最低能量表面。

“你瞧，‘螺旋体’又来了。”肖恩笑着说。2004年的同一项研究还发现了另一个奇怪的现象，研究人员报告说，番茄酱流动时的启动—停止—再启动的行为可以归咎于番茄酱含有微小的“螺旋体”结构。

自从肖恩发现“螺旋体”以来，数学家发现了更多的三周期“极小曲面”，这在很大程度上归功于强大的算法，这些算法可以用不同的几何形状进行各种变换。几十年来，肖恩继续研究“极小曲面”和“螺旋体”，以及它们的秘密和用途，通常是和萨斯奎汉纳大学的合作者肯·布拉克（Ken Brakke）一起研究。前面提到过，肯·布拉克设计了“曲面生成器”软件，芭丝谢芭·格罗斯曼用它制作了具有渲染条纹表面的钢或青铜的《螺旋体》雕塑。

▲ 由海拉曼·弗格森制作的《空心圆环 NC》，是一个带有空间填充曲线的圆环形体。

有时候，如果你没有把你的数学思想转化为艺术所需要的工具，你不得不去发明这些工具。海拉曼・弗格森就是这样，他把数学思想变成了雕塑。这些雕塑由永久性的材料，如石头和青铜制成。

海拉曼・弗格森

……一点感觉都没有

20 世纪 40 到 50 年代，海拉曼・弗格森在新泽西州由一个石匠抚养长大，石匠教他如何用农场地下的石头建造有用而可靠的东西，比如墙、房子和烟囱。那些永恒而又具有创造力的石工训练塑造了他的思想，令他永世不忘。

弗格森喜欢用手创造东西，他也喜欢数学。老师和善意的大人们都告诉他，要把艺术和科学分开。大人们都说他最终不得不在两者中选择一个。但他学绘画和雕刻；但他也学习微分和积分。这孩子可以两者兼得，完成得干净利落。人们还是说，这是两个不同的领域，没有重叠之处。做这一行业就没法给另一行业留出空间。在为《美国数学学会期刊》写的一篇文章中弗格森回忆起那些忠告。

成年人对他说："如果你能学科学，而且还有一点理智的话，最好学科学。做艺术家是吃不饱饭的”。

唉！但是弗格森从来“不做选择”。

今天，蓄着白胡子的弗格森在马里兰州一个谷仓大小的工作室来展示他几十年来“不做选择”的成果。他还有一个他称之为“工具箱”的集装箱，装满工具时有七吨重。

作为一名数学家，他设计了新的方法来识别数字之间的内在关系；作为雕塑家，他雕刻，锻造并组装作品，给枯燥的抽象概念赋予了物理形式。他喜欢说他用雕塑来颂扬数学，用数学来赞美雕塑。（他还指出雕塑家工作的两个主要过程，在塑造艺术品的时候是做加法，在切削木头或雕刻石头时则是做减法。）

弗格森在犹他州普罗沃的杨百翰大学当了 17 年的终身数学教授。在 20 世纪 70 年代，基于欧几里得《几何原本》中首先描述的一种方法，他开发了一种新的算法来寻找数字之间的关系。从那以后，他的算法被用于各种背景中；他自己也用它来确定雕刻时削切石头的比率。

他想要提炼出数学中无懈可击的真理：它们是永恒、坚实和优雅的。它们已经渗入自然界的结构之中，弗格森为了把这些永恒的思想表现在艺术之中，搜寻了各种材料。花岗岩是他经常选择的材料（虽然他也用纸、黏土、青铜甚至计算机程序创作作品）。他成天和来自地下的巨石打交道，感受着它们在地下默默度过的数十亿年的不变岁月。他通过将这些石头转化为具有数学之美的物理形式，来表达对这种永恒性的尊重。

▶ 石溪大学中竖立的《空心圆环 SC》，海拉曼·弗格森的雕塑作品。

弗格森出生在犹他州盐湖城。在三岁时他目睹母亲被闪电击中而死去。此后不久，在第二次世界大战中他失去了父亲。这些经历带来了苦涩的共鸣，使得这位艺术家的世界被颠覆了。因此他致力于追求永恒。他的雕塑给数学思想以物理形式，不论是对数学心怀畏惧的人、还是儿童，甚至数学领域的专家，都可以自己去体验。弗格森不介意他的雕塑中的深奥数学被多数人所忽略，重要的是，这些雕塑是他对数学赞美之情的表达方式。

第 86 页展示的雕塑名为《空心圆环 NC》（*Umbilic Torus NC*），高约 27 英寸（68.6 厘米），是用青铜铸造的。弗格森还制作了这个雕塑的巨型版本，叫作《空心圆环 SC》（*UMbilic Torus SC*）（见第 88 页图），高 28 英尺（8.5 米），可以在纽约长岛的石溪大学看到。它安放在直径为 25 英尺（7.6 米）的花岗岩基座上。圆环类似于一个甜甜圈形状，中间有一个洞，圆环以一条通过中心圆孔的直线对称。然而，对于研究曲面的拓扑学家或数学家来说，咖啡杯的形状也是一种圆环（因为它有一个通过手柄的洞）。你可以把甜甜圈变形成咖啡杯，反之亦然；唯一的规则是，你不能在它上面打另一个洞或把曲面的不同部分黏合在一起来破坏曲面。

拓扑学提出了一种自然的以曲面和孔洞的形式来理解我们的身体。弗格森指出，人的身体本身就是一个圆环，因为有一个主要通道贯穿着我们的肉体 *。此外，

▶ 未来的数学家，数学雕塑家海拉曼·弗格森说，他希望人们能触摸、感受甚至爬上他的雕塑作品，包括这一件《看不见的握手》。

---

* 指人体的消化道。

皮肤是表现出正曲率和负曲率的混合的曲面，在皮肤上一些不平坦的区域，存在所谓的“鞍点”，我们在那里从凸点到转换到凹点。腋窝和膝盖后面的部位是负曲率；肩部是正曲率。我们的手在握手之前的空间就有负曲率。（弗格森将其表达在他的下图所示的雕塑作品《看不见的握手》之中。）

弗格森建造的《空心圆环 SC》，让人触摸和攀爬。他很高兴看到五岁的孩子在上面攀爬，他希望人们以自己的方式参与其中。那些欣赏雕塑中蕴含的数学法则的人则可以尽情地思考冥想。甜甜圈的形状来源于“表象理论”，它研究在各种环境下产生的对称性。包括在一个称为“抽象代数”的学科之中。《空心圆环 SC》是表达所有 2 × 2 可逆矩阵的曲面。

圆环表面上的图案被称为皮亚诺-希尔伯特（Peano-Hilbert）空间填充曲线，以意大利数学家朱塞佩·皮亚诺（Giuseppe Peano）的名字命名，他在 1890 年发现（或发明）了空间填充曲线。1891 年，德国数学家大卫·希尔伯特（David Hilbert）修改了皮亚诺的原始图例。这是一种描述如何使用一条曲线来填充一个空间的秘诀。如果你来做这件事，比如说用纱线、胶水来填充一块方形的硬纸板，这不是什么大问题，因为纱线是有厚度的。但是用抽象的数学曲线来填充空间，就是一件不平常的事了。

▲ 正在制作中的作品：海拉曼·弗格森的《看不见的握手》。

曲线是一维的，面积是二维的。但皮亚诺找到了一种有效的方法，让他的线条变得比以往更多，甚至可以超越维度。（有关空间填充曲线的更多信息，请参见本页的“艺术背后的数学：病态曲线”。）

《空心圆环 NC》的青铜部分需要机床来刻划空间填充曲线的形状，但是当弗格森有了这个想法时，却发现没有工具能达到刻划空间填充曲线的工艺水平。大多数铣床只能在有限的方向上来回运行。弗格森毫不灰心，他特地设计了一只机器人手臂，它不是只在几个方向上移动，而是跟踪整个空间填充曲线来进行加工。手臂末端的刀具是一个钻石切割工具。总之，弗格森不得不用数学来教会这台机器完成数万个动作。

铣床通常用于加工机械零件。弗格森说：“它们本来就不是为实现美而设计的。” 当机械工程师们看到他的机械臂是如何移动的时候，可以看到他们的眼睛在发光。他们见证了机床是如何创造美的。弗格森说：“他们正在对他们心中的美的概念作出回应，我相信每个人都有美感。”

艺术背后的数学：病态曲线

追求更密的曲线

1890 年，意大利数学家朱塞佩・皮亚诺深入思考了逻辑和数学的基本规则，找到了一种从一个维度转移到另一个维度的方法。我写起来很容易，但当时，皮亚诺的第一条曲线却是 12 年前提出的一个令人费解的数学问题的答案。

在 1878 年，数学家格奥尔格・康托尔（Georg Cantor）的工作开启了对无穷大的数学探究，他指出，在任意维度中，任意一个光滑曲面，都包含着与其他维度中另一个光滑曲面相同的点数。（我在这里使用的“点数”有点模糊。“点数”实际上是无穷的，是一个超限数，这意味着它描述了一个无穷集合元素的个数。想更多地了解关于这种怪异的知识请参阅第 57–61 页。）一个球面和一个平面有相同的点数？是的！在康托尔的帮助下，你可以证明它。一条直线和一个立方体的点数也会相等吗？当然，为什么不可以呢？

得知一条曲线可以与正方形具有相同数量的点数，这有点儿令人吃惊。毕竟，一个是

▲ 只要有足够多的曲折，这条曲线可穿过正方形中的每一个点。数学家称它是一条“空间填充曲线”。

一维的，另一个是二维的。如果你把线折叠得够紧的话，它就会突然获得另一个维度？这种转变是一种飞跃，造成这种飞跃的是分数维度。分数维度？那是什么东西呢？

这些问题对数学家们而言并不难理解，他们更困扰的是：如何才能实现分数维度？我们怎样才能让康托尔的证明起作用，也就是如何构造一个“一一对应”函数，其输入的是 0 到 1 之间的任意实数，输出的却是一个填满了的正方形？

跨越维度的制图法

你需要的概念称为两个形状之间的“一一对应”（见第60页），这是一个函数，它表明，对于直线中的每一个点，对应于正方形中的一个点，而正方形中的每一点，直线上也有一个对应的点。这就是皮亚诺的成果。他的方法经过了一些简化和修改，从一条曲线形成的形状和一个生成器开始。生成器可以不断改变曲线的形状。皮亚诺曲线的起始形状是这样的：

现在想象一下，你得到想法的不是一个形状，而是一组指令。这是一个迭代过程。这个想法是用一个起始形状的复制品来代替每一个线段。这一步以后看起来是这样的：

而第三步后是这种图形：

迭代继续下去，曲线会变得越来越拥挤，直到填满整个正方形。皮亚诺在 1890 年发表的一篇具有里程碑意义的文章《平面区域的完全填充曲线研究》中，指出了以这样的方式，在每一步中改变形状的迭代过程。你可以看着曲线，发挥想象，这是一项很宏大的工作。但你也可以说，我不信，你怎么知道它充满了空间？ 毕竟，它看起来还是像一条曲线。这时数学证明就登场了。

皮亚诺证明，通过无穷多次地重复这个过程，最终这条曲线会通过正方形中的每一个点，反过来说，正方形中没有一个点不在曲线上。虽然这条线自己会不可避免地发生接触，但它自己从来不交叉。在皮亚诺演示了如何做到这一点后，许多其他数学家就开始着手制作自己的空间填充曲线。弗格森雕塑使用的空间填充曲线通常被称为皮亚诺－希尔伯特曲线，因为它是由德国数学家大卫·希尔伯特在 1891 年根据皮亚诺的想法提出的。

空间填充曲线的表现很古怪。它们会导致惊人的悖论，比如可以用无限长的曲线去围成面积有限的区域，又比如用传统的数学工具无法测量的它们的曲率等。数学家们因为其特性称它们为“病态曲线”。

空间填充曲线看起来像是一个抽象的玩物，但近年来，它们在理解蛋白质如何在细胞内折叠方面发挥了重要作用。埃雷兹·利伯曼·艾登（Erez Lieberman Aiden）是一位数学家，他在得克萨斯州休斯敦贝勒医学院（Baylor College Of Medicine）的一间实验室主持工作，他率先开展的一项研究表明，细胞核内的 DNA 的长链在真实细胞核内就是用空间填充曲线的方式折叠起来的。这一观察为研究人类基因组的空间三维结构开辟了新的途径。

这些超越其起始维度的曲线给数学艺术家提供了丰富的灵感，成了他们用数学思想表达审美情趣的跳板。卡洛·塞奎因（见第 17 章）用青铜构造了填充三维空间的希尔伯特曲线，罗伯特·费索尔和亨利·塞格曼创造了一个由希尔伯特曲线制造的球体的 3D 打印版本。弗格森的作品《空心圆环》雕塑（第 86 页和第 88 页），不仅展示了空间填充曲线，还将它融入了艺术作品。整个形状看起来就像一条游走的曲线正在完成一次永不完结的旅程。

一组空间填充曲线的图谱

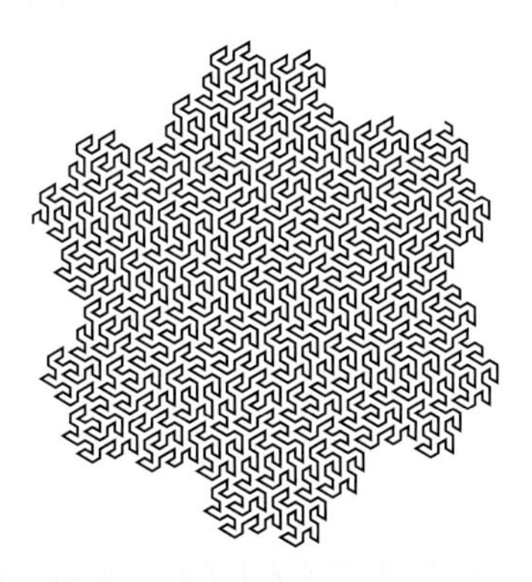

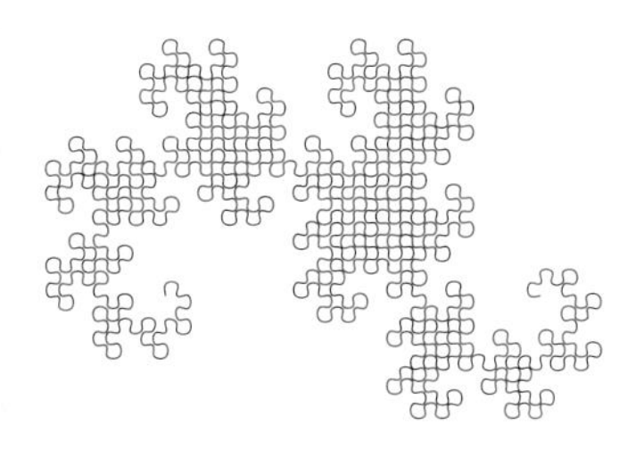

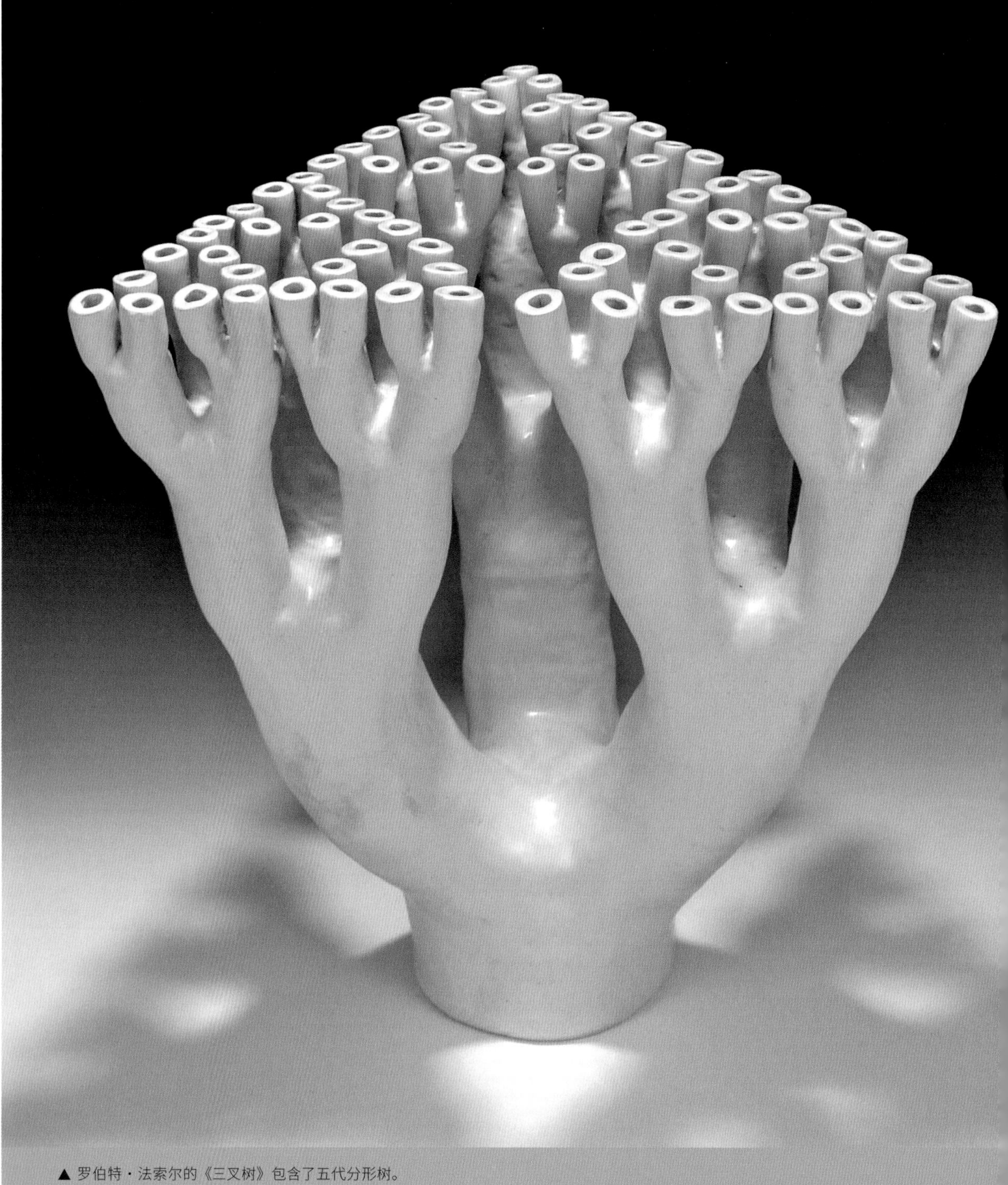

▲ 罗伯特·法索尔的《三叉树》包含了五代分形树。

第8章 纷繁曲折的分形宇宙

一种被称为分形的庞大的图案家族同时吸引了数学家和非数学家的想象力。它们意味着世界中还有世界，真实中还有真实。“分形艺术”往往是数字化的，丰富多彩的，纷繁复杂的。最近，分形被用来在《大英雄6》和《奇异博士》之类的电影中模拟奇幻世界。

对分形的数学研究是受到自然图案的观察驱动的，而数学艺术家们利用严谨的知识来生成自然界中没法直接观察到的图案，而这些图案给人一种不可思议的印象，介乎于自然和超自然之间。

罗伯特·法索尔

三角形中的三角形中的三角形……

在亚利桑那州梅萨市的一个大型社区工作室里，罗伯特·法索尔在创作雕塑，这里是凤凰城的一部分。这个空间经常挤满了制陶工匠和其他艺术家，却很少有数学家。

“但这并不重要。我的数学类型的作品也是最受喜欢艺术和陶瓷的人士所青睐，他们并不懂数学，”法索尔说。

法索尔最受欢迎的设计使用了脑珊瑚的图案、羽衣甘蓝叶或海蛞蝓的褶边，几何学似乎把我们带进了一次神奇的旅途，这里的曲面十分粗糙而罕见，呈现出美丽而对称的复杂形式。

法索尔研究分形，分形图案的特点是在不同的尺度上出现相同的形状。这就是所谓的自相似性。分形这个词汇是 1975 年由数学家本诺特 · 曼德尔布罗特（Benoit Mandelbrot）提出的，他用它来描述具有分数维度的曲线或其他形状。（有关分形的更多信息，请参见第 101 页的“艺术背后的数学：分形”，有关曼德尔布罗特的更多信息和他最著名的分形，见第 102—107 页和第 9 章。）分形的例子之一是上一章描述的病态曲线，作为曲线那样最基本的东西，看起来却表现得非常糟糕。

现在任何人都可以很容易地看到分形，你可以在视频网站上观看分形的视频，或凝视悬挂在墙上的分形画片，以了解它们为什么如此迷人。你甚至可以很容易地使用软件或网络应用程序来自己设计分形，你可以计算海岸线和其他曲线的分形维数。但是在过去十多年里，法索尔只能和黏土打交道，亲手制作泥塑，用双手感受着分形的概念。

法索尔的分形作品之一出现在第 96 页。它有一个圆形的基部，分为三个分叉。当你的目光从底部向上移动时，这三个分叉又各自分成三个支叉……可以一直分下去。要计算出在顶部共有多少管口，你可以数一数，你也可以用数学计算。第一次分叉后有 3 个，第二次有 3 × 3 = 9 个，第三次分叉后有 27 个。最后一次分叉，27 乘以 3，这意味着在顶部有 81 个管口。

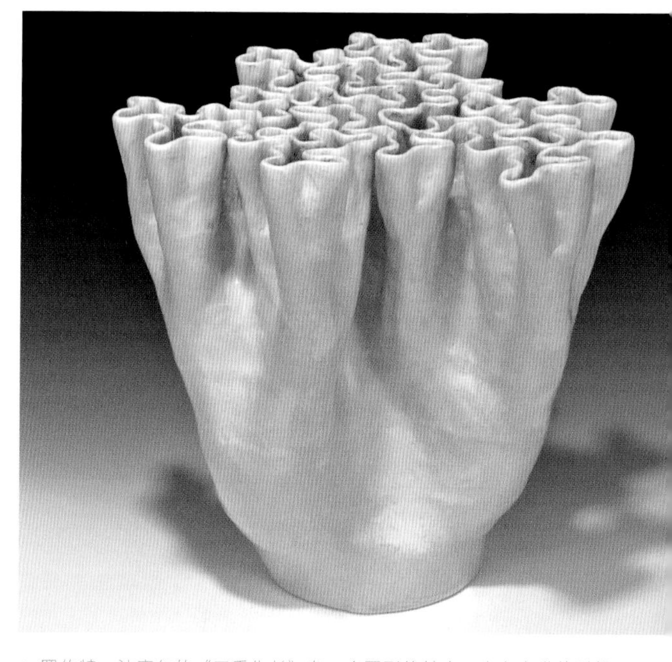

▲ 罗伯特 · 法索尔的《三重生长》有一个圆形的基座，它在上升的时候分成三个叶，每个叶又被分成三个，所以每一次迭代都会使叶片数增加三倍。很像具有天然结构的珊瑚。

从上面俯视雕塑，你可以看到法索尔的方法产生了一个三角形阵列，在其中你可以看到较小的三角形和更小的三角形，那就是自相似特性。三角形中的三角形，是一种特殊分形的定义特征，这种三角形称为谢尔宾斯基（Sierpinski）三角。

它以多产的 20 世纪波兰数学家瓦茨瓦夫 · 谢尔宾斯基（Wacław

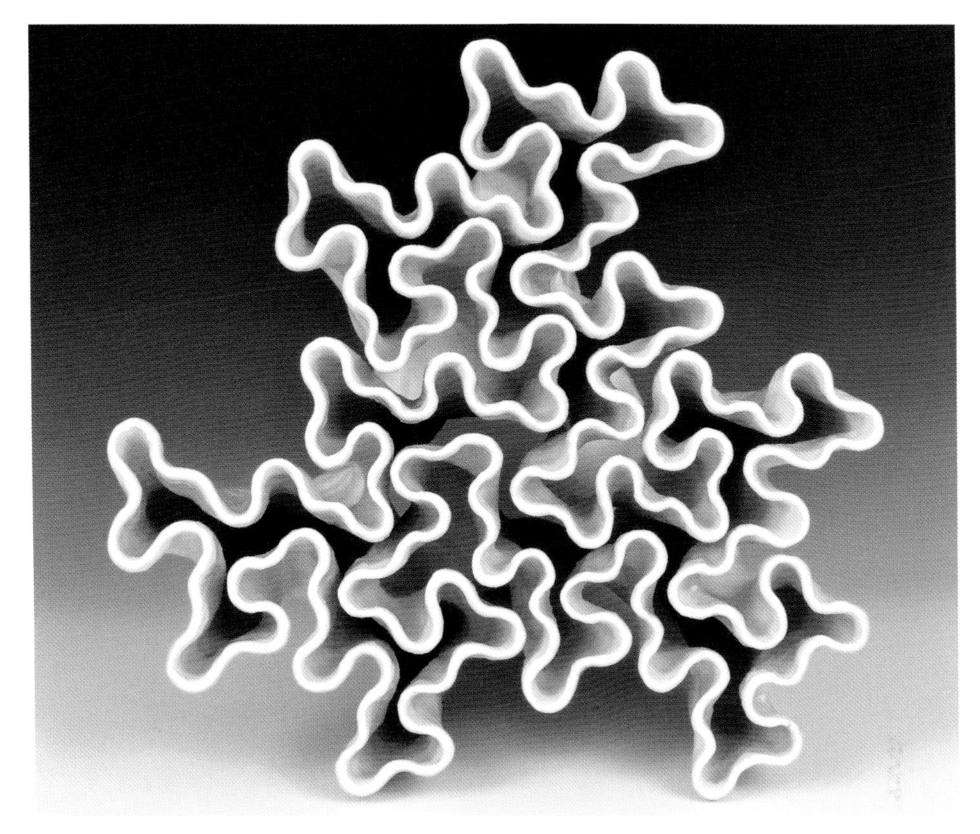

▲ 罗伯特·法索尔的《三重生长》（俯视）揭示了一条分形曲线。这座雕塑获得了 2014 年联合数学会议纺织、雕塑或其他材料的最佳艺术展览奖。

Sierpiński）命名。谢尔宾斯基发表了 700 多篇论文、出版了 50 多本书，主要从事集合论领域的研究（见第 4 章）。如果你学数学，你可能知道他的名字。谢尔宾斯基三角有时也被称为谢尔宾斯基筛子或谢尔宾斯基垫片。还有谢尔宾斯基地毯，谢尔宾斯基曲线和谢尔宾斯基海绵（都是分形），以及谢尔宾斯基数和谢尔宾斯基问题，它问：最小的谢尔宾斯基数是多少？

三叉化形成一个分形，因为它的三个分支在不同的尺度上重复。见上图，法索尔采取了类似方法制作了雕塑作品，即《三重生长》（*Three-Fold Development*）。

它有着和三叉树一样的圆形基座，你可以看到它也被分成三个叶，每个叶又被分成三叶，以此类推。叶片像球茎植物一样三重生长。最终的结果有点不同，从上面看，雕塑呈现出一条连续的分形曲线。这个作品是基于一条叫作“特龙”的分形曲线，从顶部可见的边界被称为“奶油薄片”。

法索尔说，多年来他的手中形成了一种肌肉记忆。他能感知手中的形状是否遵循几何规则。“人类有很大的能力通过重复去完成复杂的任务。”他说。对一些人来说，这意味着打篮球；对我来说，这是在塑造分形。“我对如何把黏土塑造成正确的形状有很出色的手感。”

法索尔创造了符合双曲几何规则的雕塑。例如，他的一些雕塑表现了负曲率，这是在三维空间里的双曲面上才能发现的东西。

别让那些数学术语把你给弄糊涂了。你可以设想自己被困在另一个世界中，形状就像一个“嵌入三维空间的双曲面”，你会发现你周围的风景看上去很像一个马鞍。或“品客”之类品牌的油炸薯片的扭曲形状。在法索尔的雕塑中，你可以看到，无论你在这个表面上的什么地方，它都向两个方向弯曲。没有什么地方是平坦的。

景观中看起来像马鞍时曲面具有“负曲率”。相反，如果它看起来像一个球，它就有“正曲率”。如果它是平的，我们就说它有“零曲率”。

“人类有很大的能力通过重复去完成复杂的任务。”

——罗伯特·法索尔

在把他的艺术能量集中在泥塑之前，法索尔曾致力于绘画，其中许多作品是基于分形方法的。他还花了几年时间来开发镶嵌模式。所谓镶嵌，要求把相似的图案拼合在一起，没有缝隙地覆盖一个区域。你可以用方块或菱形完成镶嵌，但你也可以使用不太明显的图案来镶嵌。荷兰艺术家埃舍尔因他神奇的镶嵌特技而出名，他擅长使用动物图案的镶嵌阵列。（有关埃舍尔和镶嵌的更多信息，请参见第217—219页。）受埃舍尔和英国数学家罗杰·彭罗斯爵士（Sir Roger Penrose）的启发，法索尔也创作了自己的镶嵌作品。

法索尔说他的一生都在跨越艺术和数学之间的界限。他从童年起就学习绘画；他的第一份职业是在美国航空航天局的喷气推进实验室。专注于材料中的晶体结构，并开发用于红外传感器的薄膜。他参与数学艺术社团已经有 20 年了。1998 年，他出席了意大利的埃舍尔作品展，看到了一场数学艺术盛典。他还提到了桥梁组织的创始人理札·萨汉吉（Reza Sarhangi），该组织致力于促进数学和艺术的融合，每年在不同的城市举办年会；萨汉吉鼓励他为桥梁组织办一个类似画廊的展览。现在，法索尔仍继续在桥梁组织中扮演主要角色，组织和策划桥梁组织和联合数学大会的年会。

法索尔认为，数学艺术可以帮助那些对传统方式讲数学没有反应的人们。他经营着一家叫“镶嵌”的公司，生产教育工具：游戏、玩具、拼图、书籍和海报等，鼓励用户使用他们的手、眼睛和大脑与数学互动。“镶嵌”公司出售诸如手动的三角定理证明图片，圆锥曲线积木块等商品。他的目标是接触像他自己这样的人，并鼓励他们走进可视化的数学。

“那些在视觉学习方面做得更好的人，在数学方面可能会遇到更多的麻烦。”他说，“但对于那些书写和描述有困难的人，你能拿出的图片和玩具真的能帮上忙。”

艺术背后的数学：分形

一群怪物

1967 年，一位法裔美国数学家首次将一组迷人的数学对象介绍给了世界，这些东西反过来又催生出了好几代五颜六色的数学海报。数学家们乃至低年级大学生都疯狂购买并钉在墙上。这些图案被称为“分形”，而创造它们名字的人，本诺特·曼德尔布罗特（Benoit Mandelbrot）自称为“分形主义者”。分形艺术是丰富的数学艺术的一个重要分支。

你可能会说曼德尔布罗特发现了分形，因为他给分形起了名字，但不能说他发明了它们。至少不是发明了所有的分形。在他之前的几十年，数学家们一直在研究并试图理解病态曲线。曼德尔布罗特给这个研究领域起了一个名字，他认为这一大类的具有共同性质的病态曲线可以放在一起进行研究。因此可以说，他启动了分形领域的研究。

你所知道的维度

曼德尔布罗特分形的原始定义有点技术性。他说，分形曲线具有“豪斯多夫维数”*，这种维度不是整数，而是分数维度。（问题是维度是如何破碎或分裂的。）豪斯多夫维度与我们通常关于维度的概念是一致的，“点”是零维度，“线”有 1 维度，“面”有 2 维度，“体”有 3 维度。但是豪斯多夫维度给我们提出了问题，存在整数之间的维度吗？考虑线段、正方形和立方体。它们分别具有 1、2 和 3 的维度。

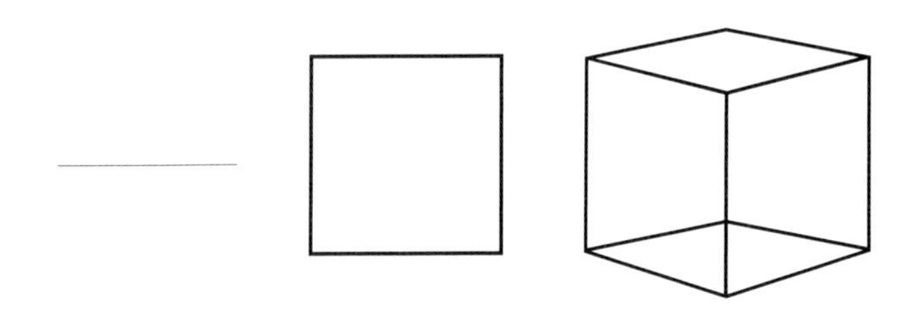

如果你把一条线段分成两段，你就会得到两条在中点相交的线段。继续同样的操作，把其他形状也分成两半。你最终将正方形分成四个小的正方形（因为每一条边被分成两段），一个立方体被分成八个（因为每个正方形面被分成四个）。

你可能会注意到

$2^1=2$（得到的线段数）

$2^2=4$（得到的小方格数）

$2^3=8$（得到的小立方体数）

你可以用“2 的维数次方”来计算将某个形体分割成自相似的小形体数量。这给了你一个巧妙的窍门：如果你继续沿着这条路走下去，你可以计算出将四维立方体进行对分，最终会得到多少个小的四维立方体：

$2^4=16$ 个。

你不能想象 4 维空间（或者至少大多数人不能），但是你可以对它们做数学运算。假设你想知道如果你用这种的方式在 10 维空间继续的话，你会得到多少个对分后的 10 维碎

---

* 费利克斯 · 豪斯多夫（Felix Hausdorff），波兰籍德国数学家，1868—1942，拓扑学开创者之一。

片，你会发现有

$2^{10}=1024$ 个。

现在，如果你知道开始时每边分了多少段，以及你最后得到多少个小形体，但你不知道形状的维度，比如说你的形体每边分成 3 个段，最后得到 27 个更小的形体。

你会得到：$3^{\text{维度}}=27$。你可以将“维度”作为未知数，解这个方程，发现初始物体的维数 =3，3 维很好，刚好是整数。我们熟悉 3 维，也喜欢 3 维。如果你把一个三维立方体分割，每边分成 3 段，你会得到 27 个更小的立方体。

但曼德尔布罗特指出，有时算出的维度不太好，也不自然。有时，对象的维数不是 3，2，1 或任何整数，而是分数。

无限长的海岸线

曼德尔布罗特从一个简单的问题开始了他的研究：大不列颠的海岸线是多长？答案很复杂。他指出，如果你用了足够长的尺子，你就不会去测量每一个海湾和海岬。你会对很多地理特征进行平滑处理。如果你使用短一些的尺子，你会发现更多的凹进和凸出部分要处理，然后你会得到比刚才更长的测量结果。使用更短的尺子，你的测量值还会上升，因为你会捕捉到那些更小的海湾和海岬等地形特征。但设想你用的尺子，就像一粒沙子一样长，你可以捕捉到海岸的每一个沙粒大小的弯曲和转角。（你还得面对这样令人沮丧和愚蠢的问题：你是在涨潮时测量，还是在落潮时测量？如果你刚量完，有个恶作剧的人踢了块石头在水里，你能怎么办？把他扔进水里？）

到了 1961 年，英国数学家、气象学家、物理学家、心理学家和和平主义者路易斯・弗里・理查森（Lewis Fry Richardson）开发了一些早期的成功的天气预报模型，已经提出了一个描述测量标尺长度和测量值之间的关系的方程。它从数学上收集到了你用自己的眼睛可能猜到的东西。一条平直的海岸线，只有 1 维。但是如果它是锯齿状的，多岩石的，不规则的，那么它的维度将大于 1 而小于 2。理查森的方程提出之后，在当时基本上被忽略了。

是曼德尔布罗特赋予了它新的生命，他认为可以用理查森方程来讨论海岸线的粗糙度。英国西海岸，曼德尔布罗特称之为人类所知的最不规则的海岸线之一，可计算出其豪斯托夫维度为 1.25。而西班牙和葡萄牙之间的边界的豪斯托夫维度为 1.14。

曼德尔布罗特指出，海岸线“在统计上是自相似的”。这种自相似的属性，是分形的特有标志。这意味着无论你如何放大或缩小，你都会看到相同或几乎相同的形象。这个现象在自然界中是显而易见的。沿着一棵树干从地面往上走，你就会看到它形成了树枝。跟着那些树枝，你就会找到了小的树枝，更小的分枝，最后才是树叶。而在一片叶子内，你可能会看到一个中央脉络从叶柄沿叶面向前伸展，然后发出小支脉，更小的支脉。分支把主体一分为二（或更多），在不同的尺度上重复自己。在我们的树或叶中，分形的自相似模式在几次后总会终止，但是树的例子让我们学会从分形的角度去思考。你总可以从山、树、海岸线和其他地方发现自相似特性。

曼德尔布罗特在 1975 年提出了分形这个名字。2010 年，在他去世前 19 天，他在接受纪录片制片人埃罗尔・莫里斯的采访时说：“给这个话题起一个名字，确认了它的真实性。”这位数学家在他的标志性著作《自然界的分形几何》（1982）中广泛地讨论了分形。他描述了一组由以前的数学家绘制的和早期几何学不相符合的图案。直到 19 世纪末和 20 世纪初，数学研究的对象通常都遵循欧几里得所奠定的几何规则，以及艾萨克・牛顿提出的简洁的确定性定律。

然而在 20 世纪初发生了变化。曼德尔布罗特在其著作的前言中，引用了物理学家弗里曼・戴森（Freeman Dyson）的话：“一场伟大的思想革命将 19 世纪前的古典数学从 20 世纪的现代数学中剥离开来。” 20 世纪初，集合论兴起（见第 4 章），皮亚诺描述了空间填充曲线。（更多关于空间填充曲线，见第 91 页的“艺术背后的数学：病态曲线”。）

皮亚诺的空间填充曲线之所以被称为“填充曲线”，是因为它从一条普通的一维曲线开始。但通过迭代过程，你可以证明它实际上填充了一个正方形（或其他一些有限的区域）。皮亚诺曲线的分形维数是 2，这有点令人震惊。你必须要问：是否在某个点，或某步迭代时，曲线突然从一维变成了二维？

曼德尔布罗特的书中引用过戴森的话，戴森将这些新的结构描述为“病态的”和“一群怪物”。他还把它们比作 20 世纪初正在进行的其他文化革命，包括其他病态艺术的诞生，如立体派绘画和无调性音乐。以前关于什么是艺术，或者什么是数学的想法都被推翻了。“创造这些怪物的数学家们认为它们很重要，因为它们表明纯数学的世界蕴含着丰富的可能性，远远超出了我们在大自然中见到过的简单结构。”戴森在 1978 年发表在《科学》杂志上的一篇文章中写道。

这位物理学家还指出了一个奇怪的转折。大自然很可能激发了最早的几何学家试图理解形体和它们之间的关系的努力。而几千年来对这些几何形态的思考和研究，又最终引领数学家发现了不遵循既定规则的形态。

但是，正是那些怪物，那些病态的分形，更接近于我们在森林散步或在海滩漫游看到的紊乱、粗糙和自相似等特性。所以分形在某种意义上，把数学带回了自然。

研究人员报告了自然界中许多令人惊讶的地方的自我相似性，从鲨鱼的捕猎轨迹到信天翁的觅食飞行。（不过，值得注意的是，此类研究往往被批评为蹭热度的、迎合分形模型的摘桃子数据。如果只取鲨鱼游泳或信天翁飞行的某一特定的区段内的数据，它是否算作自相似性？对于如何使用分形方法的分歧也说明了这些抽象概念在现实世界中的局限性：在自然界中，大到行星的规模，小到原子之间的距离，即使发现了自相似性，也不会像数学模型中那样一直延续，它总是会崩溃的。那么什么算分形呢？什么可以归类为分形呢？）

这里有一种以曼德尔布罗特命名的分形，它在自然界中没有发现，却很容易生成，而且魅力无穷，吸引着人们去探索。曼德尔布罗特集合，看起来像一只巨大的虫子。你可以在第 115 页“数学背后的艺术：曼德尔布罗特集合”中读到更多关于它的内容，在下章梅林达・格林的作品中，她用一种方式将它形象化。使它看起来很神圣。

曼德尔布罗特几十年来发展了他关于分形的思想，在他生命的尽头，他甚至把这个想法应用到股票市场的涨跌中。但在 1982 年的那本书里，他的想法和激情依然闪耀着光芒。

曼德尔布罗特写道：“科学家们会很惊讶和高兴地发现，自然界中有不少形状他们不得不形容为颗粒状、海藻状、嵌入状、疱疹状、瘢痕状、分枝状、海草状；奇怪的、纠缠的、弯曲的、扭动的、纤细的、皱褶的，等等，从今以后都可以用严格而有效的量化方式来处理。”这些形容词正适合描述法索尔的艺术，他的抽象雕塑，反映了自然界模式的实物版本，我们可能会认为它们是多角的、凌乱的和皱褶的，但背后却有着迷人的数学。

▲ 第 104–105 页：分形的特点是自相似性，这意味着不管你如何放大或缩小，它都重复着相同的模式。

▼ 第 108 页：梅林达・格林编写了一种算法，能将一种著名的分形——曼德尔布罗特集合转化为一尊佛像《佛陀布罗特》。

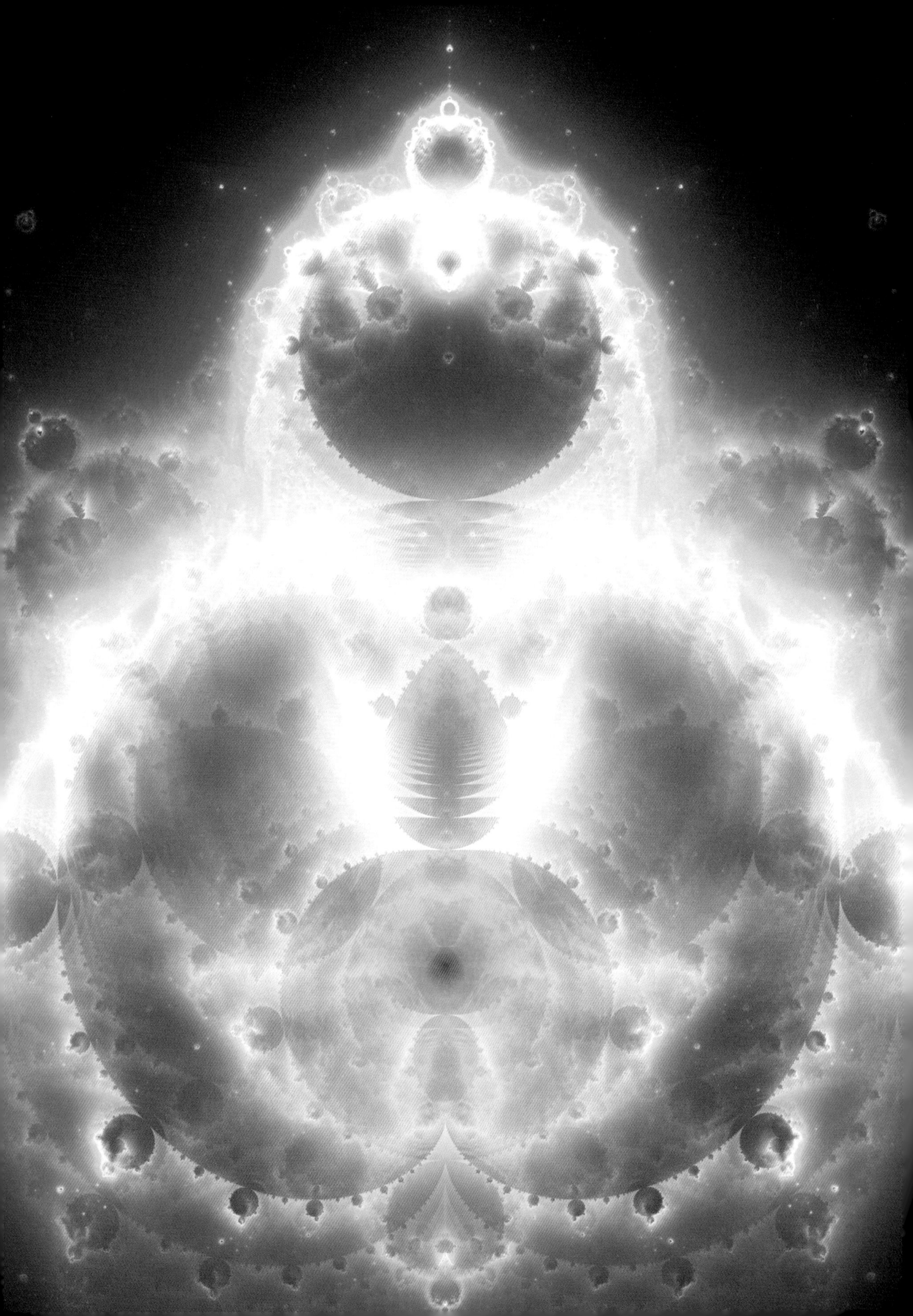

第9章 神秘主义与数学

尽管数学和神秘主义在实践和量化方面完全不同，但它们有一个共同的目标，就是更好地理解宇宙的片段是如何组合在一起的。这两个领域现在似乎互相矛盾，但情况并非总是如此。崇尚数学的毕达哥拉斯信徒就是一个神秘的宗教教派。纵观历史，许多数学家都是为上帝服务的哲学家和牧师。在 20 世纪，俄罗斯一些数学家受到宗教神秘主义的启发，推进了对无穷大的严肃研究。本章中的艺术明确地刻画了数学的存在与精神世界之间的联系。这些数学存在的出现，不是源于它对造物主的虔诚，而是源于一个诡异的算法和从一个著名分形中寻找对美的自我追求。

梅林达・格林

分形中的神佛

她第一次看见屏幕上出现的神佛，梅林达・格林以为自己在做梦。她说："我使劲地掐自己，这简直太神奇了，不可能从这么简单的代码行中跳出一尊佛像来。"

但事实就是这样：黑色背景上的白点组合在一起，看起来就像一个端坐着的身影，上面装饰着华丽的珠宝，长发流淌到他的肩膀上。格林怀疑自己的程序中有偶然的因素，这是侥幸吗？格林再次运行程序，相同的算法依然生成了相同的图像。因为这是 1993 年，当时

> **这简直太神奇了，不可能从这么简单的代码行中跳出一尊佛像来。**
>
> ——梅林达·格林

大多数在线的计算机终端都是拨号连接到服务器，格林把她的发现发到了一个美国网络新闻组上（sci.fractals 如果你感兴趣的话可以去看看）。“这简直太神奇了，不可能从这么简单的代码行中跳出一尊佛像来。”

起初，格林用伽内什（Ganesha）命名了这个幽灵般的形象，伽内什是印度神话中的象头神，即好运之神。后来，一位名叫洛丽·加迪（Lori Gardi）的电脑艺术家，她从格林的作品中得到灵感，自己改造了一个版本，图案略有不同，并给它起了一个名字贴在上面。格林立刻爱上了加迪给这幅神像取的名字《佛陀布罗特》（*Buddhabrot*）。

艺术家和心理学家长期以来一直都知道，我们的大脑具有按想象改造图案的倾向。也许我们会在烤奶酪三明治里看到圣母玛利亚的脸，或者在美国国家航空航天局的火星照片中发现埋了一半的人。

心理学家甚至为这种在随机数据中看到模式的倾向取了一个名字：空想性错视。但是看看格林的作品，很难不看到乔达摩·悉达多，也就是众所周知的“佛陀”（Buddha）。

“Buddhabrot”中的“brot”源自世界上最著名的分形图案曼德尔布罗特集合（Mandelbrot）。它看起来像一只心脏形状的身体和圆头的小虫子。小虫子身上又有形状相似的更小的虫子……在无限多的小虫子的背上还有无限多的更小的虫子。“集合”指的是点的集合。这些点构成了曼德尔布罗特集合的边界。

这个集合以在第 8 章讨论的分形几何和混沌理论的先驱者本诺特·曼德尔布罗特命名。1987 年詹姆斯·格莱克（James Gleick）写了一本关于这一领域的里程碑式著作《混沌》（*Chaos*），曼德尔布罗特在其中扮演了主要角色。曼德尔布罗特将分形描述为具有分数维度的形体：例如，曲线卷曲皱褶得太厉害，不能再称为一维，但又可能不足以填满一个二维区域。曲线的分形维数是度量曲线“粗糙度”的尺度。

在遇到曼德尔布罗特集合之后，格林开始用 ASCII 艺术来演奏她自己的乐章，即用 63 个用于电子通信的所有字母和数字字符创建图像的过程。（ASCII 即“美国信息交换标准代

▲ 改变曼德尔布罗特集的颜色，能产生出分形中的神像《佛陀布罗特》的图像。

码”* 的缩写，ASCII 艺术，你可能会同意，是现代表情符号的祖宗。）在 20 世纪 80 年代到 90 年代，曼德尔布罗特集合很快成了新手程序员的一种练手程序，他们可以容易地在新计算机上用简单的迭代函数生成这种炫丽而壮观的图像。

格林的发现源于挫折。尽管她和当时所有的数学爱好者一样喜欢曼德尔布罗特集，但她发现它通常的配色方案是有所欠缺的。生成曼德尔布罗特集是从一个叫“种子”的点开始，把它代入一个迭代公式。然后将得到的计算答案作为你的新“种子”，再次代入同一公

* 现在的 ASCII 码已经扩展为 200 多个符号。这里应指的最狭义的 ASCII 码，包含英文字母大小写共 52 个，0–9 的数字 10 个，空格 1 个，合计 63 个字符。

式，一次又一次地继续这个过程，这个点可以从一个值跳到另一个值。如果在这个过程中该值的绝对值不断增加，离它开始的点越来越远，在这种情况下，就说它“发散了”。但是如果一个点虽然跳来跳去，但始终保持在起点附近并形成美丽的图案，永远不会超越起点的某个邻域，就说它是曼德尔布罗特集合中的点。

用最简单朴素的配色方案，你可以把所有接近原始点的点，都涂成黑色，以及所有的“发散点”都涂成白色。那么就得到了曼德尔布罗特集合的基本图形：虫子身上的虫子身上的虫子。

你还可以将集合中的点涂成黑色，并根据发散所需的迭代次数对所有其他点进行着色。一些点可能会在几次迭代之内没有远离原点，然后突然消失了。通过混合这个配色方案，你可以得到类似于下面这幅图片所呈现的图像。这似乎稍微有趣一点。

这是传统的方法，如果你在互联网上搜索曼德尔布罗特集合的视频，你可以花费很多

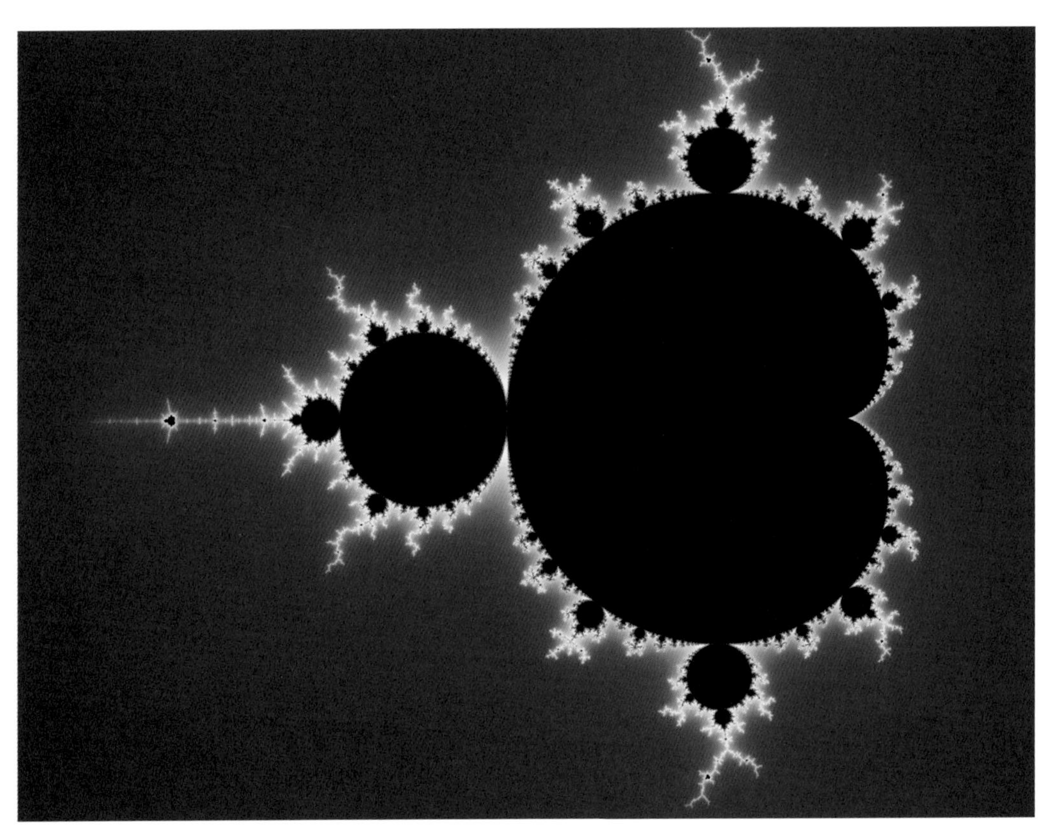

▲ 复平面上的“曼德尔布罗特集合”，x 轴表示实数，y 轴表示虚数。黑色区域显示的点（经迭代）永远不会到无穷大。

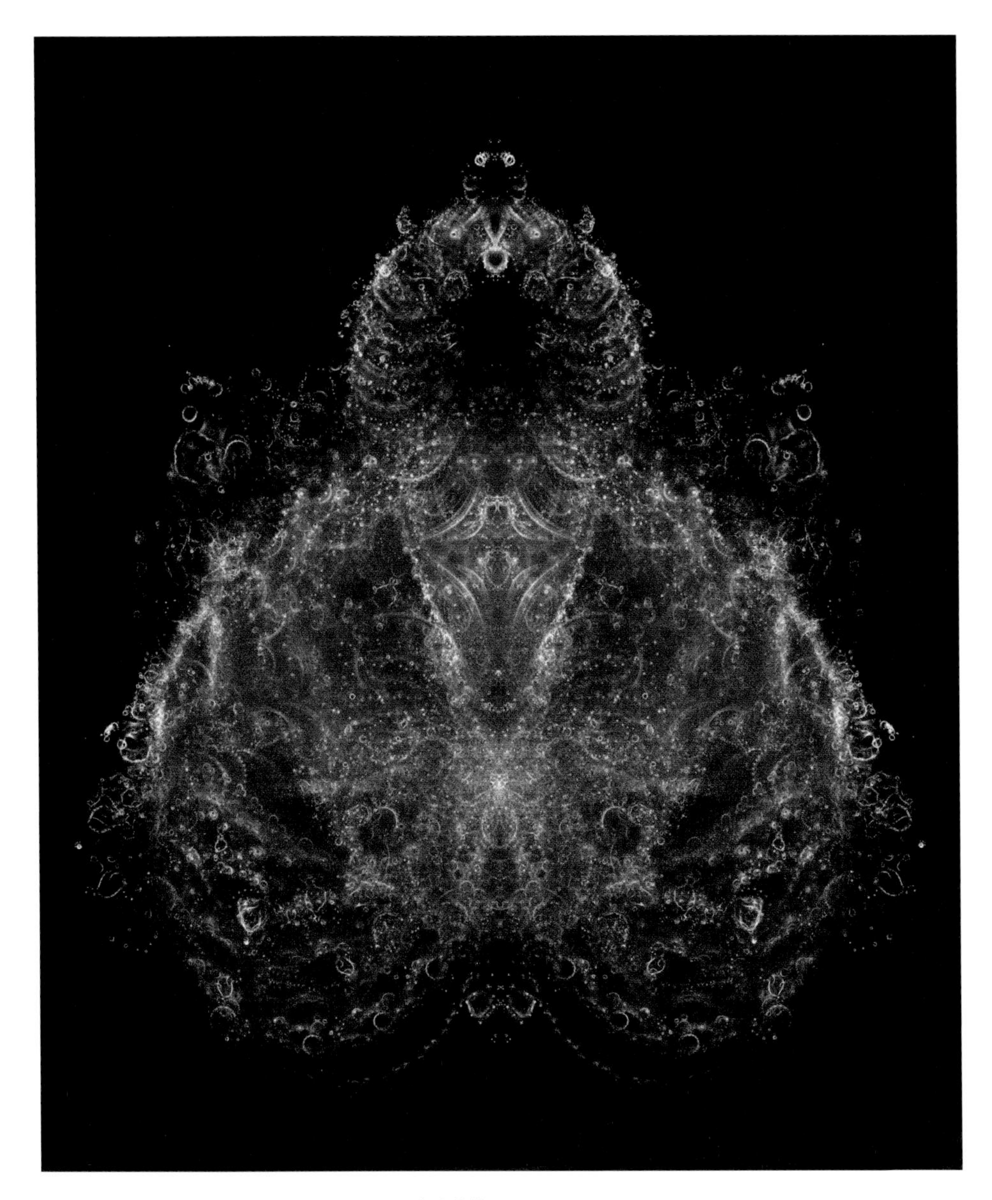

▲ 用梅林达・格林的一种技术，程序员可以改变亮点的强度，从而调整《佛陀布罗特》的外观。

时间去深入了解分形，为它的色彩和图案瞠目结舌。

这些想法在格林看来仍然很枯燥。它们揭示了分形的迷人特征，但在某种程度上，它们使创作过程变得平淡无奇。曼德尔布罗特集合是通过点的移动形成的。这些点在复平面上像小跳蚤一样跳来跳去，但又被无形的绳索束缚着。但是，如果你只根据发散所需的步数来给点着色，你就会错过看到这些轨迹的机会。

作为类比，你可以想象一下看足球赛，你只能看到球队中的球员的首发位置。每个球员都穿着一件球衣，上面有一种图案，写着他在比赛中跑了多少码和他在比赛中的角色。你并不是真的看比赛，你只看球衣，有人会告诉你谁赢了。还可以想象一下芭蕾舞演出，演员只是站在她们的起点上不动。她们的服装是根据她们出现的位置顺序和复杂程度，以及她们在舞台上停留的时长来决定的，这样的球赛或舞蹈会好看吗？

格林想看看曼德尔布罗特集合的动态形象。除了构成我们现实世界的平凡的空间三维度之外，人们通常认为时间是第四维度。所以她真正追求的是分形的四维描述。她一直在编写代码，尝试捕捉四维的几何图形，而对她的想法来说，曼德尔布罗特集合似乎是一个很好的试金石。

她写了一些代码来显示动点的去向，但弄得十分混乱。如果你的显示包括集合内外所有点的轨迹，你最终会得到一个无定形的斑块。所以她采用一种新的方法：干脆完全不看集合中的点。

如果只看逃逸点（即发散点，不在集合内的点）的轨迹呢？她把这个想法比作用日冕仪 * 来研究太阳，而不是用普通的照相机。如果你用智能手机拍张太阳的照片，你会得到一个很大的白色斑点，只是一个模糊的图像。但是如果你用日冕仪挡住直接来自太阳的光线，你就能在太阳的表层大气中看到一些纤细卷曲的细微影像。你可以观察到等离子体构成的卷须，从太阳表面弯曲上升；一些纤维状的巨大的环圈像鞭子一样甩入太空。

格林用这种技术将每一个点都通过曼德尔布罗特集合的机制运行，然后做出选择。如果动点的值保持在原点附近，她就不画出来。如果它逃逸了，就会有第二次测试。她选择了随机点来测试和迭代，图像最终一点一点地呈现在屏幕上。随着时间的推移，她发明了一种类似于天文学家创造遥远星云图像的方法，方法就是对一系列图像进行着色并组合成一幅合成图像。结果令人着迷并难以忘怀，蕴含着深奥的数学特征，这就是《佛陀布罗特》。对于那些在数学中寻找灵感的人来说，《佛陀布罗特》是一个天然的吸引源。

她在她的网站上写道：“我是你见过的最不信教的人，但很难不把这张图片想象成藏在曼德尔布罗特集合里的神佛。”

---

* 日冕仪是一种特殊的望远镜。它的透镜上安装有金属圆盘，能阻断阳光直射的干扰，这样天文学家不用等待日食发生，就能把太阳的日冕拍摄下来。

艺术背后的数学：曼德尔布罗特集合

虫子，海马，大象，一路向下，越来越小

曼德尔布罗特集合可以说在所有分形图像中最具有识别度。很多人喜欢选择它作文身和海报的图案。它激发人们在 YouTube 上制作了长达若干小时的魔幻视频，展示了这个分形图案是如此纷繁复杂，一层层地自我包含。乍一看，你可能没感觉到它的自相似特征，它的中央是一个模糊的心脏形状的身体，上面有一个圆头。围绕着那个中央身体的是较小的斑块，当你放大这些小斑块时，你可以看到它们就像中央斑块一样。进一步放大，可以看到那些小的斑块的边缘上还有更小的斑块，而且这些斑块与它上层斑块形状一样，只是更小一些，就这样，一路向下，越来越小。

这正是 1915 年奥古斯都·德·摩根（Augustus de Morgan）* 的一首诗《跳蚤》（*Siphonaptera*）中的思想：

> 大跳蚤背上有小跳蚤在咬它们，
> 小跳蚤上有更小更小的跳蚤，没有止境。
> 大跳蚤也趴在更大的跳蚤身上，
> 还有更大更大的跳蚤，没有止境。

你可以无限地放大曼德尔布罗特集合，以加深对其复杂性的印象。这个集合的奇观引发了人们夸张到瞠目结舌的描述；它有时被称为"上帝的指纹"。

无穷多的虫子

这个图形以数学家本诺特·曼德尔布罗特命名，他出生在波兰华沙，在马萨诸塞州的剑桥逝世。他在 IBM 公司度过了他的大部分职业生涯。曼德尔布罗特是个天才数学家，他

---

* 英国数学家，逻辑学家，集合论中著名的德·摩根定理以他命名。

▲ 一位当代艺术家绘制的“海马谷”分形图案，这是曼德尔布罗特集合的一部分。

开创了分形的数学研究。（关于他的工作和分形的更多信息，请参见第 101 页。）曼德尔布罗特提出了对曼德尔布罗特集合的享有权，但其他数学家们对这一说法表示质疑，他们指出他们也在研究曼德尔布罗特集合，甚至在它这样吸引眼球之前，还激励了曼德尔布罗特的研究。这场公案就不在这里讨论了。

20 世纪 80 年代到 90 年代，曼德尔布罗特集合迎来了全盛时期。1985 年 8 月，它以辉煌的全彩色的形象出现在《科学美国人》的封面上。在对应的文章中，加拿大计算机专家 A. K. 杜德尼（A. K. Dewdney）向读者阐明了将个人电脑变成曼德尔布罗特集合的放大器的秘诀。这类分形图案不仅外表辉煌壮观，还因为它很容易生成。它很容易定义并揭示无限深奥的复杂性。只要一点数学和编程技巧，任何人都可以自己探索。（也许是因为它的容易生成，一些数学家和计算机科学家认为曼德尔布罗特集合是一个华而不实但肤浅的数学玩具。本书不赞同这种声音。）

数学家们给这个集合的某些部分命了名。分形主体上头部与身体相交的片段有时被称为海马谷，因为靠近这儿的图案，很像水生动物海马的卷曲尾巴。

曼德尔布罗特集合中令人最感兴趣的部分是边界，在那里可以进行深度探索，而永远不会到底。数学家早已猜想曼德尔布罗特集边界是分形，并且在 1994 年证明了这一点。它显示自相似性，并且它是二维曲线。在每一个尺度上重复出现的图案都呈现出虫子形状的岛屿、海马尾巴、大象鼻子的形状。

▲ 罗伯特·法索尔的《分形树 #9》展示了相似的图形模式如何在自然界的不同尺度下重复。

曼德尔布罗特集合的诀窍

曼德尔布罗特集合位于复平面上，尽管实轴和虚轴通常没有画出来。

其中横轴表示实数，纵轴表示虚数。（复习：虚数是 i 的倍数，它是 −1 的平方根。所以我们标注 $1i, 2i, 3i$ 等。）整个曼德尔布罗特集都来自以下公式：$z_{n+1} = z_n^2 + C$，这叫作递推方程，这意味着你在右边代入一个数字，左边得到一个结果，然后把这个结果再代入到你的方程的右边之中。只要你愿意，可以一遍一遍地这样做。对于曼德尔布罗特集合来说，有几件重要的事情需要知道：

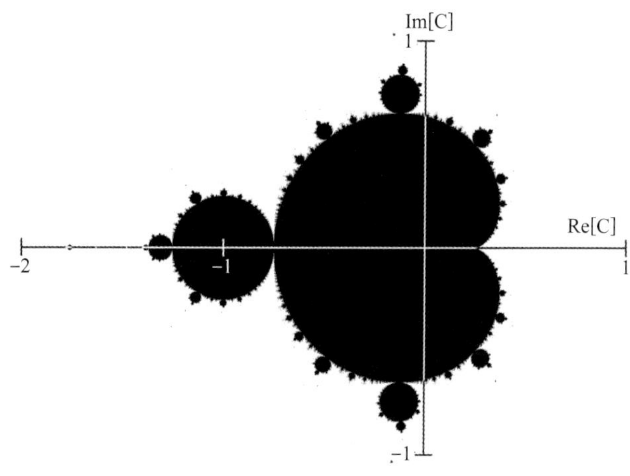

▲ 曼德尔布罗特集合的坐标图。

1. 字母 z 意味着，你在处理复数。复数有两个部分，实部和虚部。例如，复数 $1 + 2i$ 有实部 1 和虚部 $2i$.

2. 字母 C 代表常数。（这也是一个复数，可以有实部和虚部。）使用曼德尔布罗特递推方程的标准方法是将 C 设为你想研究的点。

3. 这个点代入方程后的行为决定了点是否在曼德尔布罗特集合中。

4. 那个下标 n 告诉你走到哪一步。对于曼德尔布罗特集合，可以让 $z_0 = 0$。这意味着第一步告诉你 $z_1 = (z_0)^2 + C = 0^2 + C = C$。

5. 如果当你迭代时发现数字越来越大，它就会远离原点。数学家说它是“逃逸到无限远”（这是有点惊悚的数学词汇！）。如果你的数字逃逸，那么它就不算在曼德尔布罗特集合中。如果在多次迭代之后，它仍然是靠近中心，而不是逃逸到无穷远，那么它就算是在曼德尔布罗特集合中。作为一个例子。让我们从数字 3 开始。（它是复数，实部为 3 但虚部为 0。）意思是，我们的曼德尔布罗特迭代就像这样：

$$z_{n+1} = z_n^2 + 3$$

$$z_0 = 0$$

$$z_1 = (0)^2 + 3 = 3$$

$$z_2 = 3^2 + 3 = 12$$

$$z_3 = 12^2 + 3 = 147$$

你可以看到数字越来越大，或者说越来越远离原点，这意味着 3 这个点不在集合中，逃逸到无穷大去了。

那么试一下 $C=i$？

$$z_0 = 0$$
$$z_1 = 0^2 + i = i$$
$$z_2 = i^2 + i = -1 + i$$
$$z_3 = (-1 + i)^2 + i = (1 - i - i - 1) + i - 2i + i = -i$$
$$z_4 = (-i)^2 + 1 = -1 + i$$

这意味着 z_4 将返回到 z_2 所在的位置，当我们继续迭代时，这个点的轨迹将在 $-1+i$ 和 $-i$ 之间来回跳动，永远不会脱离原点的约束。所以 $-i$ 这个点在集合中。应用于多个点的一个基本迭代公式引起了曼德尔布罗特集合的复杂形状。在本节开头的图像中出现了漂亮的颜色，是因为我们为不在集合中的点设置了一些着色规则。所有不在集合中的数字都向外移到无穷大。

但是不同的点逃逸的速度不同，有些点速度快，很快就会到达相当远的地方，有些则是不那么快。根据它们逃逸的速度用不同颜色着色，可以显示隐藏在边缘上的图案，海马就是这么出现的。如果你更进一步，就像梅林达・格林那样，你不仅可以显示出集合边缘出现的图案模式，还可以找到跟踪逃逸点去的地方，从起点到终点的全部旅程。

▲ 梅林达・格林的《佛陀布罗特》的细节。

▲ 大卫·巴赫曼的作品《Octoplex》，他受到了芭丝谢芭·格罗斯曼的启发创作了这座雕塑，这座雕塑具有八面体和立方体的对称性。梯子一样的空窗是一种“愉快的意外”，他把缠绕的带子加上窗户，以降低生产成本。

第10章 大自然的方程

如果数学是实体结构的语言，那么令人感兴趣的问题是：用数学将实体写下来是什么样子？一种可行的方法是写出方程，当绘制方程的图像时，就显示出我们熟悉物体的轮廓和表面。当然，描述窗户或门的轮廓的方程将比描述一只鸡的方程更加简单，但在思想上是一样的。方程式就是一切！

大卫·巴赫曼

听起来像海洋吗？

2017 年 11 月，大卫·巴赫曼（David Bachman）的第一次个人展览在洛杉矶开幕，这位以前的重金属乐队经纪人转变为拓扑学家，又转变为艺术家，看起来再高兴不过了。

名为《模式、对称、生长和衰退》（*Pattern, Symmetry, Growth, and Decay*）的展览展出的地点是莫约克画廊，这里是这座城市在电影《仙境谋杀案》实景地中的海兰德公园附近一幢不起眼的建筑。很早以前它是一家杂货店，后来是一个溜冰场，现在它是艺术家克莱尔·格雷厄姆（Clare Graham）存放古怪作品和收藏品的地方。巴赫曼展览的作品包罗广泛，包括倒置的发出白光的装置，幽灵般的珊瑚礁，以及倾斜而褶皱的发光纸柱。他的作品还包括一件橙色球体《Octoplex》，由扭曲的金属带缠绕成几何形状的，金属带按照某种对称性自我穿插，并呈现出明亮而自信的色彩，见第 120 页图片。靠近观察可以发现，它是一个柏拉图多面体；退后一点，看起来这些纽带欢快地互相穿插，似乎行进在一个不可能的旅程中。

第 123 页上展示的雕塑是巴赫曼最受欢迎的作品之一。它看起来光滑润泽，感觉就像一个真实的贝壳，你会以为是在海滩上找到的，但它只是个 3D 打印出来的石膏制品。它蕴藏了巴赫曼运用数学创作艺术的方法。为了把思维中的贝壳变成一个看起来完全像贝壳的雕塑，他首先必须做一些非自然的事情。他必须推导并定义出贝壳曲线、斜面和圆锥面的方程式。

这是一个有趣的思想实验。无论你身在何处，环顾你的周围，所有的东西都是由曲线和曲面组成的，从沙发靠垫的侧面到汽车前盖。写出并定义你所看到的大部分线条和曲面的方程式，这一切都是完全可能的，尽管可能需要一些时间，还取决于你对参照系的选择。把整个世界看作一个关于时间的方程的巨大集合是个很有吸引力的想法。这样你就可以描述它并观察它如何变化。

巴赫曼将外壳处理成非常逼真的锥形。它为贝壳建立了方程，方程生成了曲线，成为外壳的轮廓。不过图片里还有一些你看不到的东西。巴赫曼并不满足于让他的 3D 打印石膏艺术品只是外壳看起来像真品。他还计算出了描述内部螺旋特征的方程。如果你可以爬进雕塑里面去，你会发现壳内的通道变得越来越细，越来越弯，直到终结。

他说，结果很有说服力，观众经常在第一时间把“贝壳”拿起来，放在他们的耳朵上，然后倾听大海的声音。（在本节开头问题：“听起来像海洋吗？”的答案，是的，你可以听到海洋。就像真正贝壳里的海洋一样，这是巴赫曼的海洋。）

这是一个贝壳实体和它的数学方程。“它是一种显式的方程组，它产生的作品看起来像一个海贝壳，”巴赫曼说，“有很多很多的方法可以模拟有机体一样的东西。”巴赫曼的许多作品是从类似的过程中产生的，也许在徒步旅行时，他看到一些东西或有了一个想法，然后尝试使用方程式重新创建那个对象，然后他把方程式发送至 3D 打印机。

巴赫曼认为自己不能算是艺术家。他 20 多岁时是个摇滚乐队的成员，不只参加过重金属乐队，还参加过感恩之死、U2 和空中史密斯等乐队。但现在他是加利福尼亚州克莱蒙特皮策学院的受人尊敬的拓扑学家。

拓扑学家是研究形状和曲面性质的数学家。他们想知道，如果操纵曲面变形，曲面的性质将如何改变。数学家喜欢开玩笑说，拓扑学家不能分辨咖啡杯和甜甜圈之间的区别。（它

“有很多很多的方法可以模拟有机体一样的东西”

——大卫·巴赫曼

▲ 大卫·巴赫曼首先建立了描述贝壳内外曲面的方程式，创造了石膏雕塑——《生命之壳》。

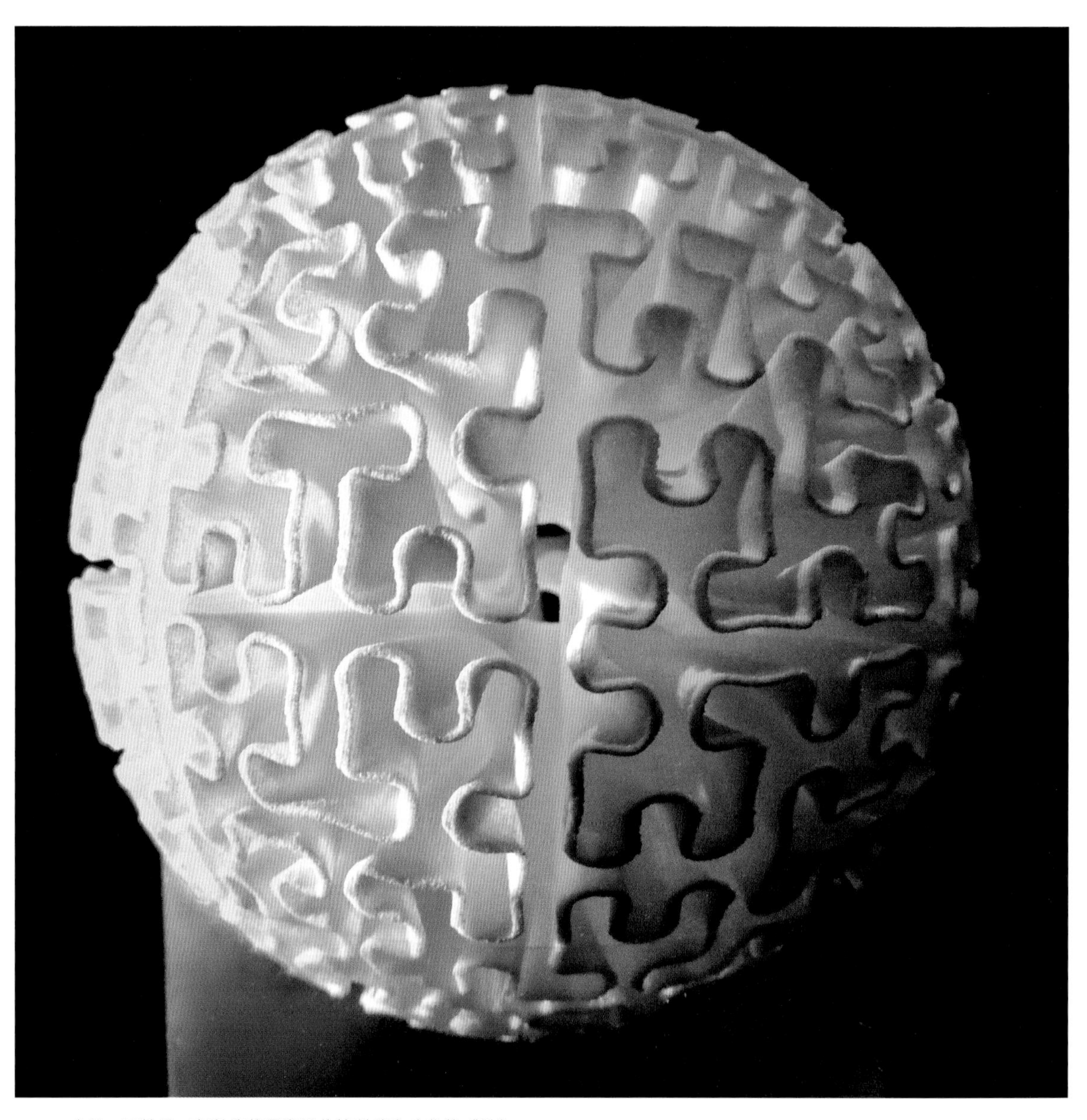

▲ 大卫 · 巴赫曼、亨利·塞格曼和罗伯特·法索尔合作的《希尔伯特球》。3D 打印作品，给空间填充希尔伯特曲线。

们在拓扑上是等价的形状。这意味着你可以通过拉伸和挤压使一个变形为另一个。因为它们都只有一个孔洞。）

拓扑学家不仅对二维曲面感兴趣，他们也希望了解更高维的形状，如何对不同的形状家族进行分类，以及如何判断一个曲面是否和另一个同族 *。拓扑学需要它的研究者具有某种特别的视角和观点，它从其他数学领域拉出了一批数学家去从事拓扑学研究。（有关拓扑学的详细信息，请参见“艺术背后的数学：拓扑学”，第 126 页。）

“我知道的几乎每个拓扑学家和几何学家都被这个数学领域所吸引，因为我们是有视觉的思想家。”巴赫曼说。2008 年，巴赫曼讲授微积分并想与学生分享一些物理模型，这些模型能体现他们必须学习的概念。但这些模型只是一个开始。它们使用的 3D 打印技术引起了他的兴趣，他意识到这不仅是一种用来说明数学概念的方法，同时也是一种很有创造力的表现形式。他开始尝试和挑战自己，以找到“打印”其他想法和概念的方法——包括贝壳。

他说，那些早期的作品是数学思想的模型，或者说是数学思想的直截了当的表达。多年来，经过反复探索，巴赫曼找到了将美学思想融入他的雕塑的方法。他的作品不再停留在对数学思想的字面上的演绎，而更多的是对数学思想在他脑海中所产生的激情的宣泄。“我雕塑的目的，”他说，“不是解释数学，而是做你想去做的事情，数学只是作为实现这一目标的工具。”

像其他数学艺术家一样，他发现自己置身于一种无人理睬的境地。有时他说，其他数学家并不认为他的工作在精神上是数学的。也许他们有一个观点：“因为你只是使用数学，这并不能使你成为数学家，”他说：“很多人都会说这很有价值，但也许本质上不是数学。”同时他认为数学艺术家们也没有真正被接受为更广泛的艺术社团的一部分。这是数学艺术家们常见的观点，跨在分界线两边的人可能两边都不待见，连大名鼎鼎的埃舍尔也有同感。埃舍尔在 1959 年 2 月给他儿子的信中写道：“我开始用很少人懂得的语言说话，这让我越来越感到孤独”，“毕竟，我不再属于任何一方。数学家们可能是友好和感兴趣的，也可以像父亲那样亲切地拍拍我的背，但最后，我只是他们心中的低能者。而‘搞艺术’的人则多数对我们感到恼怒。”

---

* 拓扑学上称为同胚。

艺术背后的数学：拓扑学

甜甜圈，咖啡杯，还有那个放弃百万美元的俄罗斯隐士

2002 到 2003 年，住在圣彼得堡的俄罗斯数学家格里戈里·佩雷尔曼（Grigori Perelman）在网上发表了三篇系列论文。在这些论文中，佩雷尔曼证明了一个很艰难的猜想，一个世纪以来，数学家们一直在尝试证明这个命题，但都失败了。他解决了所有数学猜想中最著名的未解决的问题之一，这就是“庞加莱猜想”。它以亨利·庞加莱（Henri Poincaré）的名字命名，庞加莱在 1904 年首次明确提出了这一猜想。而在以后的一个世纪中，庞加莱猜想吸引了好几代数学家，他们中的每个人都试图破解它。

有趣的是，对庞加莱猜想的错误证明也成为数学文化的一部分。加州大学伯克利分校的一位名叫约翰·斯泰林斯（John Stallings）的数学家，甚至还写了一篇关于他自己如何误入歧途的短文，题为《如何错误地证明庞加莱猜想》。他写道：“由于心理的问题，盲区的存在，过度的兴奋，对错误潜在的恐惧而产生的对推理的抑制，使我无法看到证明中的缺陷。”

20 世纪初，克雷数学研究所确定了数学中最重要的七个未解决的问题，并称之为“千年问题”。任何数学家发布其中一个问题的证明将从基金会获得 100 万美元。庞加莱猜想成了第一个，也是迄今为止唯一的一个被证明的猜想。但是佩雷尔曼从未去领过这笔钱。

关于甜甜圈的思考

庞加莱猜想来源于被称为拓扑学的数学领域，它主要研究曲线、曲面等数学实体，以及曲线和曲面的高维版本。拓扑学家想知道当扭曲、变形、拉伸、压缩或挤压它们 * 时，这些实体是如何变化的。

在变形时有几件事你不能做：在对象上戳一个洞，或撕开对象。你也不能把对象的任

* 拓扑学上称为连续变形。

何部分黏合在一起。有洞的对象的表现与不带洞的对象的表现不同。对一个拓扑学家来说，椭圆和圆是一样的，而圆和卵形曲线是一样的。没有洞的球体与圆环（或甜甜圈，或咖啡杯）不同，后者上面有洞。如果你有一个有两个手柄的杯子，就像一个孩子的吸管杯，那将是一个完全不同的品种。

许多拓扑学家都对曲面表示关注，尽管它们倾向于用像流形和拓扑空间这样的术语。拓扑学家们谈论维度的方式很有趣。当他们说球体时，他们指的是一个二维的表面，就像沙滩排球的球壳，但不包括里面的空气。对他们来说，一维球面是圆（仅是圆周，不包括内部），二维球面是我们称为球面的曲面。

等一下，没有搞错吧？这些维度是不是太小了！

没有错。毕竟，我们把一个圆看作在二维上的一个圈。拓扑学家只研究事物本身固有的特性。因为一个圆圈是由线条画成的，这是一个一维球面。那么，二维球面是球体的表面，但不包括内部的内容。仅是表面是没有深度的，你只能沿着两个垂直的方向上运动。

那三维球面呢？拓扑学家非常乐意考虑这个问题。通过上面的推理，一个三维球面自然会存在于四维空间中，就像一个二维球面可以存在于三维空间中，一维球面存在于平面中一样。拓扑学吸引了视觉思想家，但三维球面让每个人都感到困惑，很难想象或画出，但你仍然可以对它做数学思考和研究。你可以计算它上面的点之间的距离或者发明新的测量方法。庞加莱猜想提出了一个问题：你怎么判断一个三维球的流形真的是一个三维球面？

在 20 世纪早期，庞加莱开发了一些代数工具，他认为这些工具可以帮助回答这个问题。他的猜想是：如果一个三维流形是单连通的，那么它等价于 * 三维球面。如果我们用二维球面来作说明的话，更容易理解他在说什么。一个二维球面，它是一个球的表面。如果你在球体表面的任何地方画一个圆，你都可以把它缩小到一点，而不会有任何困难。你可以在气球或网球的表面上操作，根据定义，这两种形状都是二维球面。

但你不能对甜甜圈这么做！如果你在甜甜圈表面画了一个圆圈，从中心孔到外面绕一圈，那么你就不能把它收紧到一个点而不挤破甜甜圈。所以甜甜圈不能通过这个测试，它不是二维球面。庞加莱猜想将这一概念推广到三维球面。

我们这里不可能讲懂佩雷尔曼的证明机制（它涉及一种叫作“里奇流拓扑手术”的令

---

* 在拓扑学中的专业术语是“同胚于”。

人眩晕的技术）。当他在网上发表这些论文时，数学家们狼吞虎咽地阅读了它。这可真有点神秘；有些人指出，佩雷尔曼使用了他所能提供的绝对最少的篇幅，几乎就像是一个证明的提纲，把细节都留给了读者。他没有在任何杂志上发表过完整的证明，但是经过多年的审议和检查，2010 年，克雷数学研究所宣布该证明是有效的，第一个千年问题已经被破解了。但在 2010 年之前的几年里，佩雷尔曼已经成为一个隐士。他不愿与记者或同事交谈。当他得知克雷研究所的决定时，他拒绝了奖金。2006 年，他还获得了菲尔兹奖，这是数学领域的最高荣誉之一，但他也拒绝了这一殊荣。在 2010 年他写的一封信中，他说他拒绝了这笔钱，因为他认为这些奖金是不公平的，研究这个问题的其他数学家的工作也应该得到承认。佩雷尔曼的名字将永远与最近一个世纪以来最伟大的拓扑成就联系在一起，当然还有他对金钱和奖章的超然态度。

不可能性

拓扑学是数学的分支，在那里你会发现两个最令人困惑的物体——这就是数学王国中的罗森格兰兹和吉尔登斯吞 *。它们就是克莱因瓶和莫比乌斯带。

克莱因瓶最初由德国几何学大家菲立克斯・克莱因 （Felix Klein）提出。这个匪夷所思的物体对数学雕塑家来说是个迷人的灵感。芭丝谢芭・格罗斯曼的作品在这本书的第 6 章，她甚至销售过一种克莱因瓶形状的开瓶器。克莱因瓶是不可定向表面的一个例子。拓扑球面被认为是可定向的，因为如果你开始朝一个方向走，当你回到起点的时候，你仍然是头顶朝上。但如果你沿着克莱因瓶表面走，朝某一个方向，最终回到你开始的地方结束，但是你会出现在曲面的背面，就好像穿过了一面镜子。它看起来像一根管子把内部翻出来连到管子的另一头。如果你朝一个方向走得足够远，最终你会回到你开始的地方，但你会颠倒过来出现在背面，头顶朝下。克莱因瓶没有边界，所以你可以永远走下去。

莫比乌斯带有点不同。你可以拿一个长纸条，将它的一端转半圈，再把两端粘在一起。就像克莱因瓶一样，它也是不可定向的，它只有一个单面。你可以顺时针或逆时针方向转动纸条，或者多转奇数圈，得到各种莫比乌斯带 **。

---

* 莎士比亚的《哈姆雷特》中的两个可笑而可悲的小人物。

** 克莱因瓶在三维空间中不能完整呈现出来，但莫比乌斯带可以。

拓扑学家可以用方程来描述莫比乌斯带，但是用普通的代数方程来定义它们是很困难的。大卫·巴赫曼很清楚这一挑战的难度。除了教学和雕塑工作外，他和那些想用 3D 打印将他们的想法变成雕塑的艺术家们一起努力。几年前，一位想做莫比乌斯带的雕塑的艺术家联系了他。艺术家发了一张照片。巴赫曼做了一个纸模型，但艺术家想要用钢制作。他意识到，可以用 3D 打印机来制作，但需要先建立代数方程来描述莫比乌斯带。

“这是一个真正的问题，”巴赫曼说。“你如何从数学上解决这个问题？”数学家可以推导出接近莫比乌斯结构的数值逼近，但它们并不是完美的描述。巴赫曼最终完成了这个作品，他说这个例子可以作为一个案例，说明艺术实际上也可以推动数学的发展。

“我想用数学来帮助艺术家，”他说。“如果连我都做不到，那这个问题就可能是个有趣的数学问题。”

▼ 莫比乌斯带只有一个面，数学家描述它是一个不可定向的表面。它很容易制作：用一张长纸条，把一端转半圈，然后将两端用胶带或胶水粘在一起。

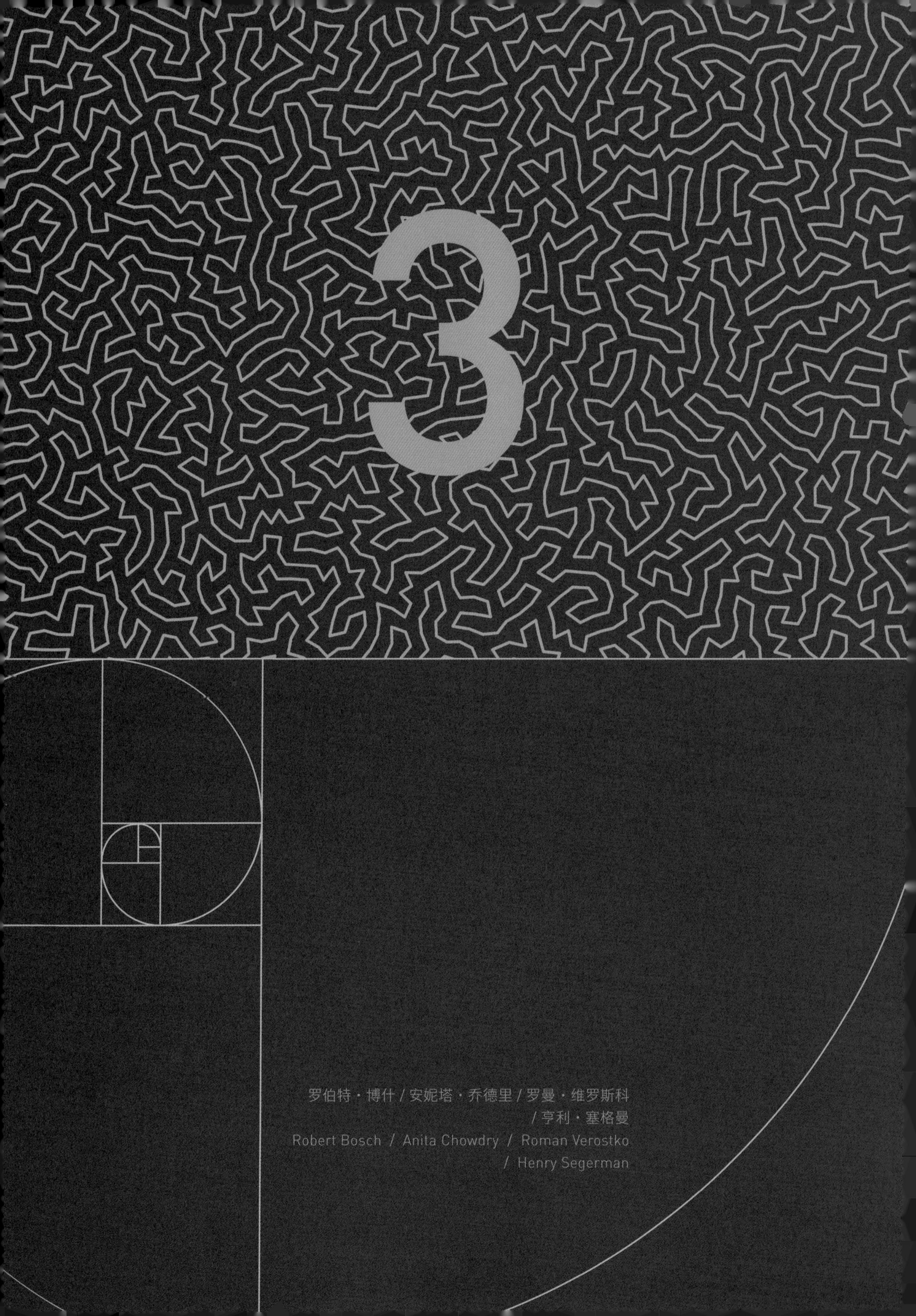
3
罗伯特·博什 / 安妮塔·乔德里 / 罗曼·维罗斯科
/ 亨利·塞格曼
Robert Bosch / Anita Chowdry / Roman Verostko
/ Henry Segerman

第三篇

旅行

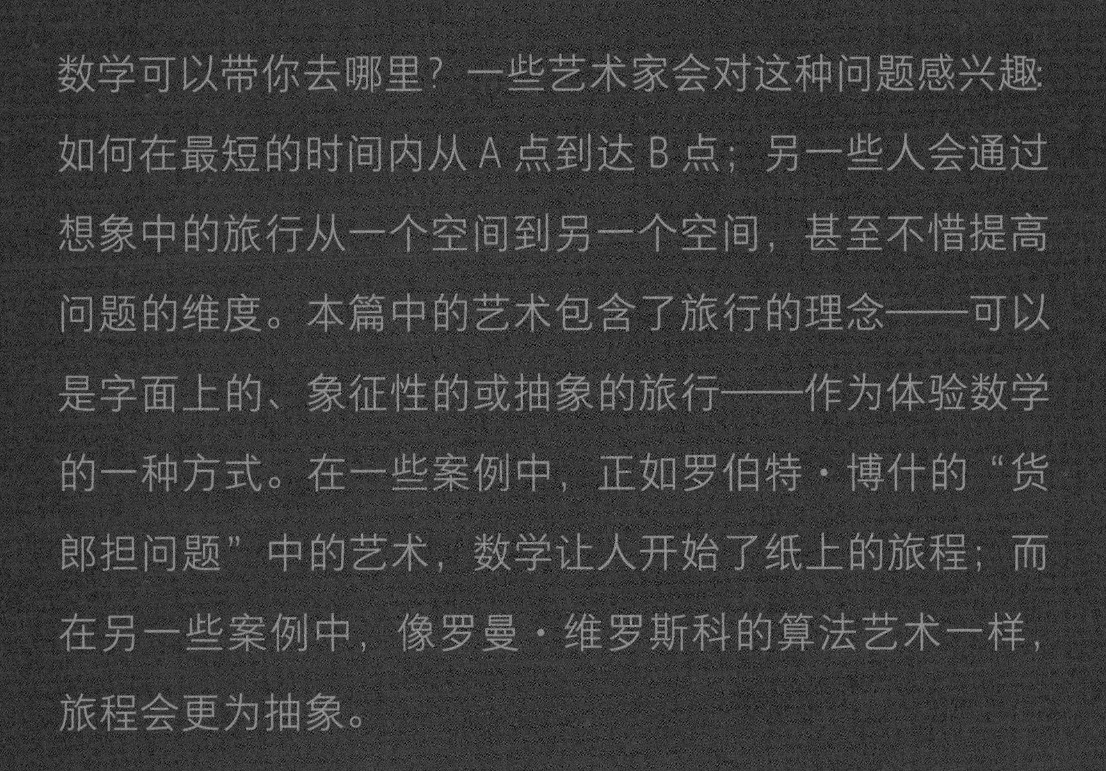

数学可以带你去哪里？一些艺术家会对这种问题感兴趣：如何在最短的时间内从 A 点到达 B 点；另一些人会通过想象中的旅行从一个空间到另一个空间，甚至不惜提高问题的维度。本篇中的艺术包含了旅行的理念——可以是字面上的、象征性的或抽象的旅行——作为体验数学的一种方式。在一些案例中，正如罗伯特·博什的“货郎担问题”中的艺术，数学让人开始了纸上的旅程；而在另一些案例中，像罗曼·维罗斯科的算法艺术一样，旅程会更为抽象。

▲《蒙娜丽莎》，这幅由罗伯特·博什根据达·芬奇的名画创作而成的肖像，是由一条永不交叉的曲折曲线组成。图中的每一点，不是在曲线内就是在曲线外，但要确定某一点在内或者在外是很困难的。

第11章 漫游的数学家

艺术创作是一种旅程，它将人内心世界的某种想法转移到外部世界。数学证明过程也是一个旅程，一步接着一步，每一步都遵循着逻辑的规则，而结论在证明过程中逐渐显现出来，这是一种优雅的旅程。罗伯特·博什的艺术在形式和内容上都表现了这种想法。它的旅程看来简单，但却又不可能在人类的知识范围内完全掌握。

罗伯特·博什

世界上最复杂的饼干切割机

对页上的图像可能看起来有点熟悉：它是蒙娜丽莎的形象。仔细看看这幅画，你可能会注意到两件事情。首先，它只是一条没有任何交叉的曲线，其次，各段都被连接以形成一个长路径。路径没有开始也没有结束。

所以这根本不是一条线。这是一个非常复杂的，充满皱褶的，参差不齐的圈。

罗伯特·博什是这幅作品的作者，博什住在俄亥俄州奥伯林，他说，让观众相信其中只有一个圈是很困难的。他说："很多人并不总是相信你，"但数学就在每个人身边。法国数学家卡米尔·约当（Camille Jordan）在 1887 年证明了一个定理，即任何封闭的简单曲线都把一个平面分成两个区域。（简单曲线不会自己交叉，所以三角形和正方形是简单曲线，

8 字形则不是。）然而在博什的作品中，约当定理一点也不明显。

很容易验证博什画的曲线呈环状：从任何地方开始，用你的手指跟踪线条，最后我保证，你会在你开始的地方结束。与任何环状曲线一样，弯折扭曲的曲线将整个空间分为两个部分——内部和外部。平面上每一个点都属于环路的内部或外部，尽管不容易判断哪个点在内哪个点在外。

“这是一个非常复杂的饼干切割器。”博什说。它自然会产生出形状非常复杂的饼干。

这幅画就像许多博什的作品一样，它的起源是一个既棘手又有用的著名数学难题。它被称为“货郎担问题”（TSP），博什称这种类型的画作为 TSP 艺术的一个例子。就像许多好问题一样，它很容易表述，但很难解决，甚至或许不可能解决。“货郎担问题”可以归入到数学的一个分支——“最优化方法”中：如果旅行者要访问每一个在名单上的城市，最后回到起点，旅行者的最短路线是什么？自 19 世纪中叶以来，数学家们一直在考虑这个问题的各种版本，而且它具有实际意义。要说起来，快递送货服务，从优比速快递公司（UPS）到美国邮政管理局，乃至圣诞老人，都想知道如何优化旅行时间。这也成了计算机算法的一个测量标准，可以根据它们在给定的“货郎担问题”问题中的完成速度来对一些不同算法进行比较。

如果只有两三个城市，解决这个问题很简单。列出所有可能的路线并比较路程远近就行了。但是一旦你的列表包含了几十个甚至是上百个城市，这种方法就变得不可行了。TSP 是一类特殊的问题，很难证明你找到了排名第一的绝对最优的解。但很容易证明你的解决方案比较好，或者至少比另一些好。（关于 TSP 的更多信息，包括为什么它是那么让人头痛，以及它如何引导你赢得 100 万美元——请阅读“艺术背后的数学：货郎担问题”，

“连接成一条曲线，这是一个可爱的隐喻，表示永世不渝的爱情。”

——罗伯特·博什

第 138 页）如果你将名单上所有的城市都想象成地图上的点，那么 TSP 就成了在地图上连接这些点的数学练习。

博什早在十多年前就开创了 TSP 艺术。他开始尝试绘画，并不是因为他在艺术上受到启发，而是因为他想表达自己的观点。他在俄亥俄州的奥伯林学院（Oberlin College）讲授最优化课程，他想向学生们展示，优化问题在任何地方都可以找到。优化是对寻找最佳方案

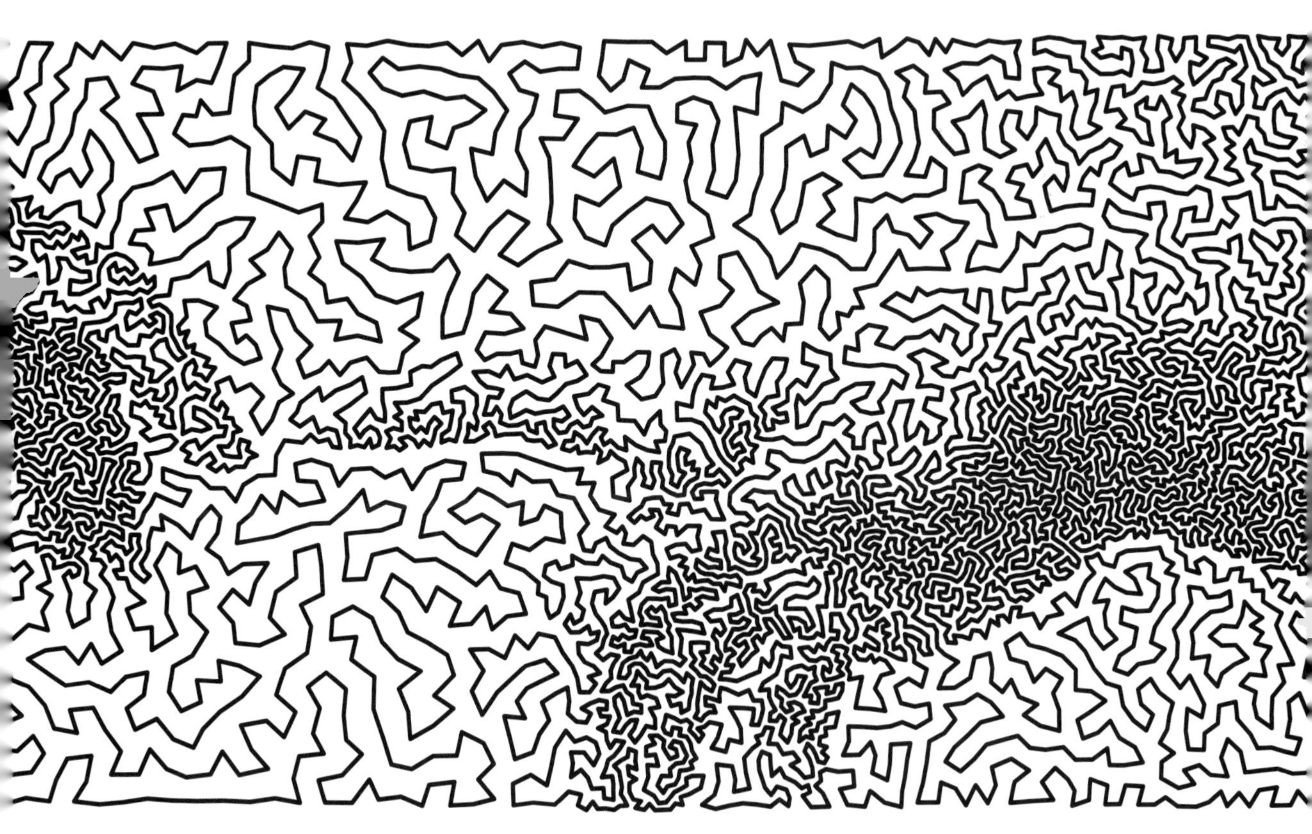

▲ 作品《创造亚当》，源于米开朗基罗同名作品的局部，罗伯特·博什在这里将其表现为“货郎担问题”的一个可行解。

的数学研究，从如何装满一个行李箱，到为医院的护士安排轮班表。

我们一直都在研究最优化问题。校车送孩子们回家应该走一条什么路最好？如果我想得到更好的比萨，应该让面团在室温里或冰箱里发酵？

最优化在制造业和航运业等领域具有现实意义，但博什想得更多更远。他想，视觉艺术看起来像是一个不错的选择。如果他能表现出艺术与优化之间的联系，就可以展示自己。

博什的过程是先将原始图像（比如人像）转换为点阵列而开始的，这个点阵列在图像的黑暗区域更密集，而在明亮区域较稀疏。然后他使用计算机程序去求解经过所有点的有效路径——TSP 的一个解决方案——然后将这条曲折的路径在计算机上显示出来。数学家已经证明了有效路径永远不会交叉，这样路径轨迹就会勾勒出图像的轮廓。

一旦他掌握了这项技术，惊喜马上就出现了。2016 年他对我说：“这简直让人痴迷。”他创作的 TSP 肖像画的主题包括第 132 页所示的《蒙娜丽莎》，这是博什的第一幅画——他的作品还有《亚伯拉罕·林肯肖像》《弗兰肯斯坦的怪物》《朋友和家人》。第 135 页上的图片是用他的 TSP 艺术来描绘米开朗基罗的《创造亚当》的一个细节，是这幅巨大壁画的一部分。在梵蒂冈西斯廷教堂的天花板上。（上帝的手指在右边，亚当的手指在左边。）

第 137 页中博什创作的三幅肖像展示了三个“汉密尔顿”：由林-曼努埃尔·米兰达扮演的美国开国元老亚历山大·汉密尔顿（Alexander Hamilton），米兰达在百老汇音乐剧《汉密尔顿》中担任作曲和主演；女演员琳达·汉密尔顿（Linda Hamilton），以在《终结者》《终结者 2》与《审判日》中扮演莎拉·康纳而闻名；以及数学家威廉·罗文·汉密尔顿爵士（Sir William Rowan Hamilton），他在 19 世纪提出了“货郎担问题”（TSP）。

博什这样编排他的作品似乎有点搞笑，但值得解释一下。身为数学家的汉密尔顿是 19 世纪爱尔兰数学家和天文学家，曾在都柏林的三一学院学习，在数学和物理领域做出了重大贡献。1857 年他提出问题：设想有一个正十二面体（有 12 个面，每个面有 5 条边），问是否有可能找到一条不重复的路径，沿着正十二面体的边访问每个顶点一次而且只访问一次。汉密尔顿把这个谜题卖给了伦敦的游戏制造商约翰·雅克（John Jacques），价值 25 英镑（约折合今天的 3 900 美元）。他把它称为“环游世界游戏”（Icosian game）。

“图”作为一个数学词汇，在数学上是指由线或边连接的一组节点。这样，“汉密尔顿圈”是一个在“图”上访问每个节点一次的圈。所以“货郎担问题”的每一个有效解都是一个“汉密尔顿圈”。反之，每一次在图上寻找“汉密尔顿圈”的尝试，都可以被表述为寻求“货郎担问题”的一个有效解。所以这幅三联画像就是一种自身表现：它展示了三个汉密尔顿，而且都使用“汉密尔顿圈”来绘制。

TSP 艺术从何而来？博什有一些想法。他挑战自我，使用较少的点创造了 TSP 图像，但保持了图片细节和艺术品质。他说：“面临各种约束，我们力争能做得最好。”他还找到了将优化技术整合到其他艺术形式的方法，比如使用多米诺骨牌创作肖像。近年来，他探索了使用 3D 打印机来生成基于 TSP 的立体雕塑以及其他的艺术形式。

下页的图片显示了博什用 3D 打印出的《骑士之旅》的有效解之一，这个问题要求玩家使用棋子“骑士”* 访问棋盘上的每个方格一次，并在起点结束。

博什的这个 3D 打印出的立体作品使用不同的高度来显示移动步数，在某些方面比二维版本更清晰。它们也可以产生类似城堡的结构，比如炮塔、塔楼和墙壁。

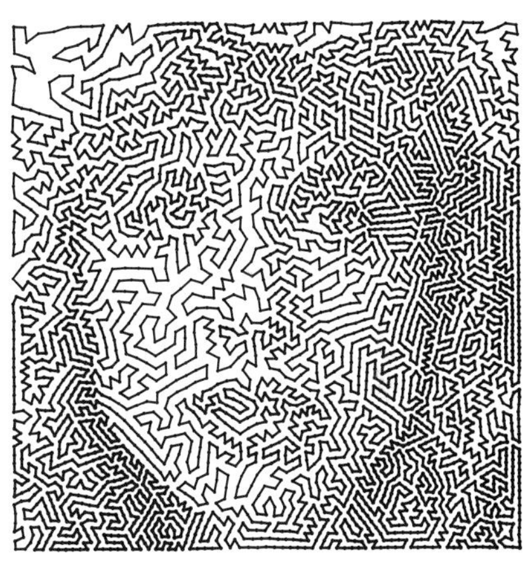

▶《三个汉密尔顿》解决一个数学题：罗伯特·博什展示了林-曼努埃尔·米兰达扮演的美国开国元老汉密尔顿，琳达·汉密尔顿——两部《终结者》电影的女明星，以及数学家威廉·罗文·汉密尔顿爵士。用于绘制肖像的三条曲线中，每一条都是“货郎担问题”的一个解，都是一个“汉密尔顿圈”。

---

* 国际象棋的棋子之一，就是“马”。

▲ 在《骑士之旅》中，一个骑士将棋盘上的每一个方格都访问一次。这件作品由罗伯特·博什从上面展示了一个三维打印的骑士之旅，只显示了路径没有显示下面的木板。

博什说，当他开始时，TSP 艺术似乎是优化的一个很好的说明。现在，他用更多的符号方式来思考艺术。这种可以用一条线来创建一个图像的想法，使其本身适用于隐喻的解释。在第 135 页上的作品《创造亚当》中，用一条线来绘制图形，暗示了上帝和亚当的连接。最近在博什以前的一个学生的婚礼上，博什制作了一个 TSP 艺术版本的新娘新郎的合影照作为结婚礼物，这表明旅行推销员问题不仅仅是为满足数学上的好奇心。“两人的形象连接在一起成为一条线，它是一个可爱的隐喻，象征着永世不渝的爱情。”博什说。

艺术背后的数学：货郎担问题

旅行的数学艺术

“货郎担问题”，在某些方面说，是一个完美的数学难题。它很吸引人，因为它很容易表达也很容易听懂：旅行者访问清单上的每个城市一次的最短的路线。

这个问题的数学家版本告诉你，它不是关于目的地的，而是关于旅程的。每个夏天旅行的家庭都会问这个问题。关心这个问题的还有旅行团的旅游经理，比萨送货员以及商业航运公司的司机。从小范围讲，你每次跑腿的时候都会问这个问题。

环球旅行者训练

你可能已经可以想象如何破解它了。假设你从西班牙巴塞罗那出发，你想去瑞典的斯德哥尔摩和肯尼亚的蒙巴萨。你只有两个选择：巴塞罗那—斯德哥尔摩—蒙巴萨—巴塞罗那，或巴塞罗那—蒙巴萨—斯德哥尔摩—巴塞罗那。两条路线距离是一样的，所以问题解决了。干得好，数学。

让我们把法国巴黎加入其中吧。事情变得更有趣了。现在我们有六个选择。这一次，它需要更多的计算和比较，但这不是不可能的。把每条路的距离相加，选出最短的一条。（实际上只有三种不同的总路程要比较，因为每条路线都有一条相反的路线，它们的路程是完全相同的。）

再添加另一个城市，比如美国田纳西州纳什维尔，我们会碰到更大的数字。有四个城市要参观，还不包括我们的起点，我们面临着 24 种可能的路线。现在我们找到规律了：每当你添加一个城市时，你必须将先前数量的可能路线数乘以新的城市总数，才能得到路线的总数。

2 个城市：$2 \times 1 = 2$

3 个城市：$3 \times 2 \times 1 = 6$

4 个城市：$4 \times 3 \times 2 \times 1 = 24$

5 个城市：$5 \times 4 \times 3 \times 2 \times 1 = 120$

数学家使用感叹号来表示这个操作。在美学上，它使数学问题看上去更令人兴奋，它的名字是阶乘。所以五个因子相乘被写成 5！，也就是 $5! = 5 \times 4 \times 3 \times 2 \times 1$。同样，$4! = 4 \times 3 \times 2 \times 1$。

在计算我们的旅行者必须考虑的路线的数量时，阶乘是非常有帮助的。同时还展示了这个问题是多么的麻烦。例如，想访问 10 个城市？你需要比较 $10! = 3\ 628\ 800$ 不同的路线的长短。即使你记住，每个路线都有其在列表中的反向路线（这会将你的计算减半），你仍然需要比较 $10!/2 = 1\ 814\ 400$ 条不同路线。

再说一遍，这么多次比较不是不可能的，但这肯定要大量的计算。

让我们继续增加城市有多难？如果我们想计算 35 个城市的所有路线，我们要比较的是

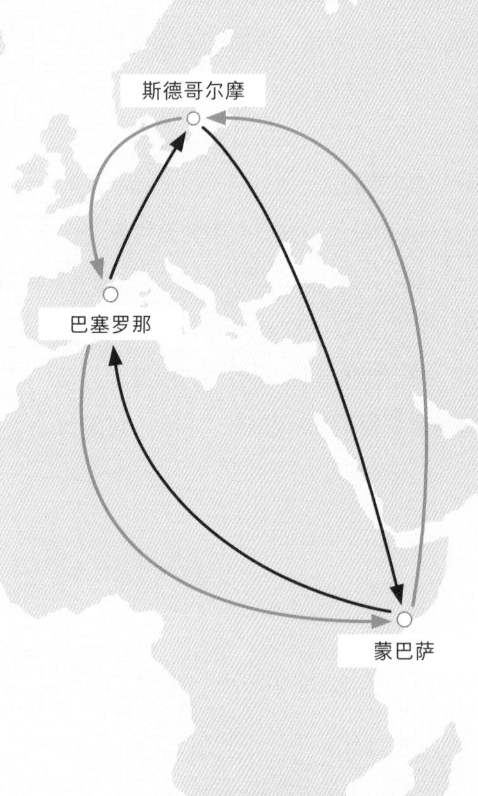

▲ 红色和绿色线显示了在巴塞罗那开始的往返旅程的两个选项，并且在斯德哥尔摩和蒙巴萨各有一站。

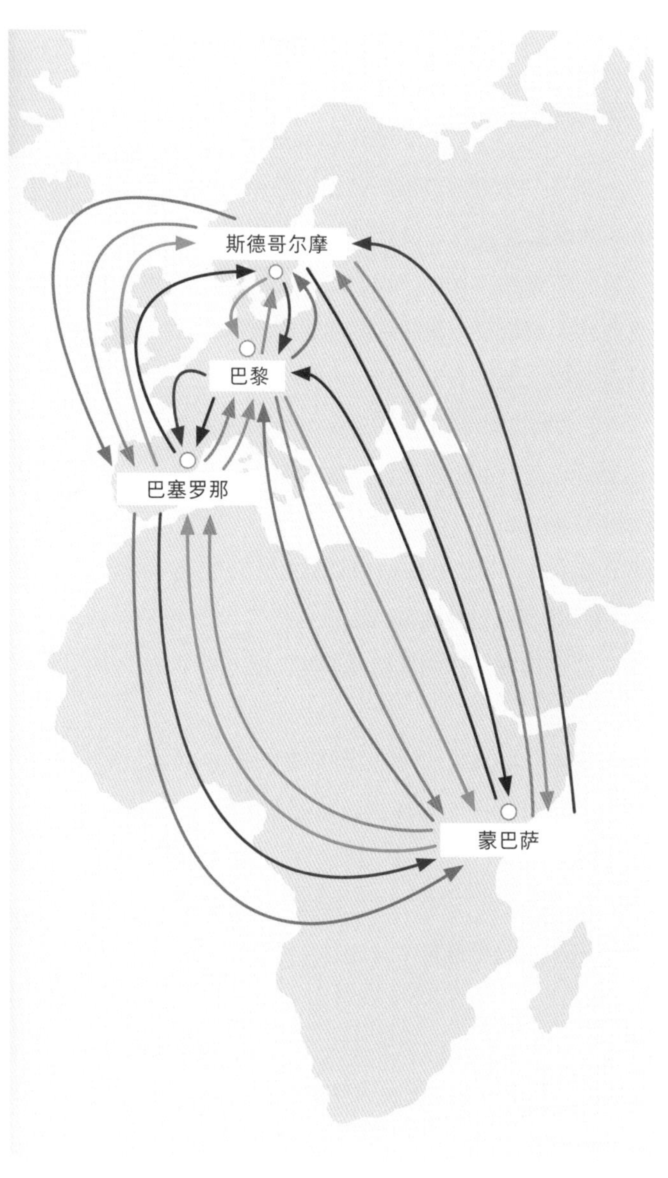

▲ 所有的路径都通向巴塞罗那：如果你已经有了一个起点，你可以通过六种方式来访问三个城市。

大约 5 166 573 983 193 072 464 833 325 668 761 600 000 000 种不同的路线。

100 个城市怎么样？现在我们大约有 4 666 311 × 10^{157} 次的比较次数。这个数字是 4 666 311 后面加上 151 个零。

作为参考，伊利诺伊州的粒子加速器和国家实验室费米实验室的科学家们估计地球上的原子数大约为 10^{50} 个，或 1 后面加 50 个 0 个原子。

你可以说没问题，你可以使用最强大的超级计算机，当然可以。截至 2017 年，最快的超级计算机是在无锡的中国国家超级计算中心的“太湖之光”，其计算速度为每秒执行 93 peta* 次浮点运算。

插上你的“太湖之光”计算机，让我们计算 35 座城市的公路之旅的方案，那你就慢慢等吧。完成计算只需大约 1.8 peta 年，你记住宇宙年龄估计约为 138 亿年。那意味着“太湖之光”将需要超过 13 000 倍宇宙年龄的时间来计算答案。

* 1 peta= 10^{15}，用中国习惯的说法是 1000 万亿。

无法解决的困境？

TSP 问题在技术上并不是无法解决的。但同时，对于较大数量的城市或图上的点，用这种蛮力方法求解是不可行的，因为它的规模太大。数学家们一直在设计不需要花费动辄以百万年计的计算方法，在过去的几十年里，取得了一些进展。其中一种方法于 2006 年发表，解决了 85 900 个城市 TSP 的问题 。但不要抱太大的希望：解决 TSP 问题的通用方法永远是难以捉摸的。1972 年，加州大学伯克利分校的理查德·卡普（Richard Karp）指出，对每一个 TSP 问题都有效而又通用的算法，是不可能存在的。因此，即使我们成功解决了某个 TSP 问题，但我们可能永远无法解决每一个 TSP 问题。在数学上，对某类问题，能够解决个别案例和能够解决所有案例，是有非常重要的区别的。

找到最优的解并证明它是最优解，这也许是不可能的，但现在数学家们已经设计出能够确定出相当好的路线的算法，并告诉我们算到何时这条路线已经比其他路线更好了。

至少从 19 世纪中叶起，数学家们就一直在思考这个问题。它的早期模型就包括上文中提到的汉密尔顿的“环游世界游戏”。

在 20 世纪 30 年代，卡尔·门格尔（Carl Menger，在维也纳）和哈斯勒·惠特尼（Hassler Whitney，在新泽西州普林斯顿）开始把 TSP 作为一个可怕的数学难题来对待，就像我们今天所知道的那样。以后的几十年里，人们开始认识到它在其他领域的重要作用，如农业产业。在 TSP 问题推动下出现了一个称为“最优化研究”的新学科，这也是罗伯特·博什关注的领域，今天已经在电子设备设计、计算机科学及量子计算等领域有着广泛的应用。

TSP 问题的解决方案也是带着钱来的。1962 年，宝洁公司出价 1 万美元，为那些能找到穿越 33 个美国城市的最佳路线的人提供 1 万美元。有两位数学家算出了获胜的最佳路线。为了打破平局，获奖者必须写一篇关于宝洁公司产品的文章。于是卡内基梅隆大学的杰拉尔德·汤普森（Gerald Thompson）用他的关于肥皂的文章领走了奖金。

但是对于像罗伯特·博什这样的艺术家来说，奖金不是金钱，他甚至找不到最好的路线。但是，他的艺术在旅程中找到了自身的意义。

P 对 NP 问题

在 21 世纪初，克雷数学研究所公布了一份清单，列出了当前七项重要的未解决的数学问题，这就是在第 10 章中讨论的所谓的“千年奖问题”。解决一个问题可赢得 100 万美元。其中一个问题就集中在那些容易查验的，但要花很长时间才能得到解答的问题上。简单地说，“千年奖问题”想知道这些类型的问题是否也能很容易找到解决办法。计算机科学家和应用数学家称之为“P 对 NP 问题”。

“P”型问题是指你可以在“多项式时间”内解决的问题，也就是说，在非不合理的时间限制内可以解决的问题。（也就是说，只要有足够的计算机能力，你就能相当快地解决这些问题。）“NP”问题则不一样。科学家将 NP 问题定义为“是”或“否”的“决定”问题，如果有了“是”的实例，则可以在多项式时间内进行验证。但是想从开始找出一个“是”的实例可能既棘手又费时。

例如，假设有人给了你一个非常庞大的数字——比方说它有几千位数字——并且告诉你这个数字只有两个素数因子，你能找到那些素数因子吗？它需要很长时间。然而，如果这个人告诉了你这两个素数因子，你可以很容易地将它们相乘，并验证是不是刚才那个问题的解。几十年来，这种寻找一个非常大的数字的素数因子的单向挑战，已经被用来保护网上交易。需要加密的信息使用那个很大的实数来进行编码，只有被系统授权的人知道它的素数因子从而破译它。（然而，该系统可能容易受到量子计算机的攻击，见第 160 页。）“货郎担问题”即 TSP 问题是一个最优化问题。如果给你一个有很多网点的巡回销售计划，要找出连接它们的最佳的闭合路径或环路是很费时间的。但是，如果给你一条路径，你可以很容易地验证它是否足够好，并且比其他路径更好。TSP 问题可以认为是 NP 问题。比如说，你的销售员只能在租来的汽车上行驶 1 000 英里。你给销售员指定一条路线，他可以很容易地确认总旅程长度没有超过 1 000 英里。

千年奖问题问：你能证明 NP 问题都是 P 问题吗？或者你能证明它们不是 P 问题吗？大多数人认为 P 和 NP 问题是不同的，但是光有自己的观点不会帮助你获得支票。要拿到那 100 万美元奖金，你必须证明你的答案，展示出你的工作——就像你过去的数学老师所告诉你的那样——并让数学专家团队来验证它。但这并不是坏事，“好的数学”就是这样产生的。

▲ 乔德里的作品《沙姆萨》，这是来自阿拉伯语中的一个词，意思是“太阳”。在伊斯兰艺术中，“沙姆萨”可以在圣书、纺织品、地毯和建筑中找到。图中展示的《沙姆萨》，是使用数学工具重构的这种传统图案。

第12章 机器曲线

数学抽象有时看来是超自然的。数学提供了一个永恒与现时当地之间的桥梁。安妮塔·乔德里用明确的现代方式呈现了数学的真相，展示了死亡与永生的矛盾。她甚至建造了一个机器，它可以从你可能会认为是柏拉图式的理想境界里接受数学信息。

安妮塔·乔德里

蒸汽朋克和钢铁精灵

安妮塔·乔德里住在伦敦，数学是她的艺术女神。21 世纪初，乔德里是一个才华横溢的插图画家和伊斯兰艺术学者。但她感到自己需要进行新的探索。她说：“我想找到更富有意义的东西。”

回想起来，乔德里转向数学似乎是不可避免的。她一直都是个理性的思想家。她的学术激情的焦点是伊斯兰艺术，其中使用的图案和对称性几十年来迷住了很多数学家。多年来她一直在同几何打交道。

“我一直很敬畏数学家。”她说。

但她的数学之旅并不是从伊斯兰艺术的对称性开始，而是从分形开始的。同样的图案在不同的尺度上的不断重复，同时吸引了她的审美观和分析热情。 她下载了一个计算机程序，可以让她设计、操作和探索分形图案。（有关分形的更多信息，请参见第 8 章。）“这让我大吃一惊，我生成了些什么东西呀，”乔德里说。“这就是人工智能。这就像在我大脑插上了一根插头，打开了我的想象力，在脑海中形成了我以前从未想象过的图案。”

乔德里开始的创作基于 20 世纪的分形，但有一种在现在伊朗的部分地区从 16 世纪就发展起来的古老的彩色图案，始终浮现在她的脑海。它们既古老又新潮，它们是历史，数学和文化的重现。在本章开头的图像称为“沙姆萨”（shamsa），是 16—17 世纪常用来装饰皇家书卷封面的图案。

在这幅画作里，乔德里使用了 16 世纪在伊朗发展起来的艺术，但是她的作品表明了分形图案是如何在模式的重复中出现的。

人们很容易把她的《沙姆萨》形容为“蒸汽朋克”，这是不同时代的技术之间的一种很酷的错位。她开始深入挖掘——她说她已经驶上了几何的航程——并且研究了关于斐波纳契数列是如何产生自然界中的金色螺旋的。（有关斐波纳契数列的更多信息，请参见第 34—41 页。）

于是，这些数列和螺旋开始出现在她的版画和雕塑中，但是就像对分形的例子一样，她会将它们重新构想和塑造成以前从未见过的形象。

她把这些几何概念变成用纸和金属制成的雪花和贝壳。

> 数学是向星星伸出的手。
>
> ——安妮塔·乔德里

然后她转向了曲线。乔德里满怀兴趣地找到了一本书，其中包含了她以前从没见过的复杂曲线，她本能地知道，这些曲线不可能用手工绘制出来。这些复杂而抽象的形状是由一种 19 世纪维多利亚时代的仪器——被称为“谐振记录器”，实际上是一种自动绘图机产生的。令她惊讶的是，这些曲线在自然界中一直存在，但它们却需要一台机器才能展现给人观看。下页顶部有一些例子。

“谐振记录器”有两个钟摆来回摆动。（理想情况下，完成一个摆动的周期或者说时间只取决于摆臂的长度，但实际上由于空气阻力和摩擦力，摆的速度会越来越慢。）其中一个

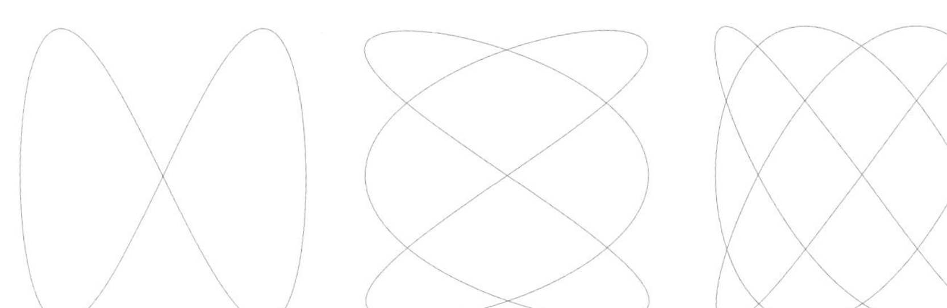
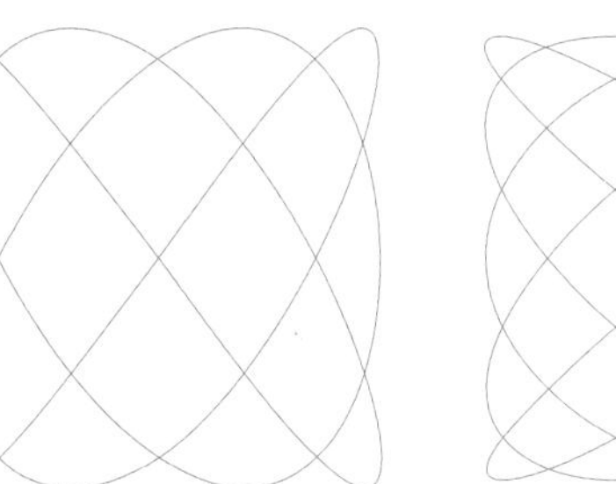
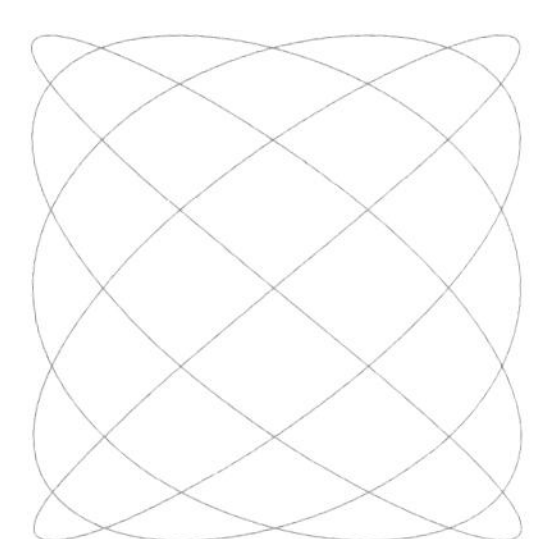

钟摆连接着一支铅笔（或其他绘图工具），另一个钟摆则连接在放置绘图纸的平面上。当两个钟摆同时摆动时，铅笔会周期性地冲向绘图纸，在上面画出乔德里曾在书上见到的似乎来自天外的曲线。

她想更多地了解这些曲线。但更重要的是，她想要自己的“谐振记录器”。

乔德里说，“谐振记录器”的产生颇具传奇性，它来自一些名人年轻时的“不受欢迎的举动”。在19世纪40年代，休・布莱克本（Hugh Blackburn）是剑桥大学的学生，他后来在格拉斯哥大学主持数学系。他是威廉・汤姆森（William Thomson）的好朋友，而这位威廉・汤姆森，就是后来大名鼎鼎的开尔文勋爵，著名的数学家和物理学家，他准确地定义了绝对零度，并阐明了著名的热力学第二定律。布莱克本在剑桥的房间的梁上悬挂了一个双摆系统。这个秋千似的钟摆底部是一支铅笔。很容易想象这双人骑行的钟摆一起来回摆动时，就产生出了振荡的几何曲线。

公平地说，数学家们在布莱克本之前就已经发明了“谐振记录器”，也没有证据表明它们真的可以骑人运行。乔德里说，最重要的是，布莱克本的钟摆最终升级成了“谐振记录器”，它很可能是维多利亚时代晚期富人的娱乐玩具。（它也是现代摆动仪的前身，现在使用的是游丝摆轮而不是悬挂的摆臂来获得同样的周期性摆动。）

乔德里开始调校自己的错综复杂的摆动仪的频率和周期，它的转轴与重锤之间的距离至关重要。她在伦敦艺术大学攻读硕士学位时，常常光顾大学附属的圣马丁中心的机械商店。她问店里的员工们能否帮助她建造机器，而“谐振记录器”是她的学位项目。

“我陪伴这些金属制品度过了非常愉快而难忘的一年，”乔德里说。她为这项工程注入了鲜血、汗水和泪水。最后，她制作了一台和人一样高的“双摆绘图仪”，如下页图。她给

◀ 数学蒸汽朋克：安妮塔·乔德里的《钢铁精灵》。

它起了个名字“钢铁精灵”。她在 2013 年完成了论文之后，就用“钢铁精灵”和它画的图进行巡回演讲，其中一些在第 150—151 页上可以看到。她还加入数学家们，和他们一起讨论基础数学和科学。

乔德里说她并没有明显的宗教倾向，但是“钢铁精灵”——以及引领她走到这一步的数学之旅——已经改变了她对艺术的看法。只有当她摆动摆臂时，她才创造了“钢铁精灵”的艺术。根据乔德里的说法，这里出现的都是以前早就存在的东西，只是还没有被召唤出来而已。

她很犹豫是否应该说这是她自己的东西。

但乔德里说她无法停止研究。“我觉得数学真是棒极了，”她说。“当我确实明白了一些事情时，就会感到非常兴奋。它超越了我们作为人类的存在。数学是向星星伸出的手。”

艺术背后的数学：李萨如曲线

来自第四维度的信息

声音“看”起来像什么？1855 年，法国物理学家朱尔斯·安东尼·李萨如（Jules Antoine Lissajous）发明了一种仪器，它能给出一个优雅、美丽而精准的答案。

当然，作为 21 世纪的人，我们已经习惯于将声音表示为波形图，但在 1855 年，使不可见的声音变成可见的想法显得既新颖又具有开创性。

李萨如的设备依赖于两个音叉，每个音叉的末端都贴着一面小镜子。用一小束光线对准第一音叉上的镜子，镜子把它反射到第二音叉的镜子上，第二面镜子将光线反射到屏幕上。当音叉振动的频率成简单的比例时（即振动频率之间的比值对应于我们的和声音阶之间的间隔，比如三度、四度、五度、八度）*，令人着迷的曲线就会出现在屏幕上。

李萨如将该装置推广为将乐器调谐标准化的一种方法。例如，你可以通过观察曲线的一致性，用调好的音叉去校准一个没有调准的音叉。

◀ 这幅 19 世纪的图画描绘了法国物理学家朱尔斯·安东尼·李萨如设计的实验装置中的音叉和镜子。

* 按照音乐中的纯律，三度、四度、五度、八度音程的频率之比分别对应于 5/4, 4/3, 3/2 和 2/1 这样的最简单的分数。

如何调谐曲线

“李萨如曲线”的方程在数学上称为参数方程。如果你有一个函数 y 关于自变量 x 的方程，你可以通过插入一些点在图纸上绘制它。对参数方程来说，变量 y 和 x 的值都依赖于第三个变量或者叫作参数（在许多参数方程中，第三个变量是时间 t）。当你调整变量 t 的值时，可以通过改变 x 和 y 对 t 的变化的反应来“调整”曲线。

下面这幅图中的曲线，是由“谐振记录器”——比如安妮塔·乔德里的“钢铁精灵”产生的，就是一种“李萨如曲线”。它们的产生不一定需要声音，而只需要用到简谐振荡，粗略地说，就是来回移动的东西。

▲“钢铁精灵”的设计是为了绘制像这样的参数曲线，这些曲线是由两个振荡部件的共同作用产生的。

产生优美的“李萨如曲线”的关键因素是“钢铁精灵”的秘密：你需要两个振动源，彼此成直角安放。一个振动源决定了曲线沿 x 轴方向上的运动，另一个振动源决定沿着垂直的 y 轴方向的运动。有了这个设置，x 和 y 的运动就相互依赖，最终合成了画笔的动作。

即使扫描很平缓，曲线看起来很稳定，但它们揭示了这两个摆臂是如何随时间而移动的。换句话说，它们形成了一种在第四维度（即时间维度）中积累的运动效应，并投影到二维空间上。看着它们从乔德里的“钢铁精灵”的笔下浮现出来，你会感到很惊奇。在机器乃至数学甚至物质世界出现之前早已存在于自然界中的规则，被一台机器揭露了出来。

▲ 安妮塔·乔德里的“钢铁精灵”绘制的参数曲线。

▲ 罗曼·维罗斯科的《黑色圣母像》，用算法仿制的西班牙蒙特塞拉特修道院的“黑色圣母像”。

第13章 艺术中的算法

起初艺术家罗曼·维罗斯科只是想知道计算机是如何工作的。于是他拆开了它们，对于这些电路、电线和晶体管能够执行用代码编写的指令感到惊讶不已。后来，他设计了一个主程序，可以引导机械手臂创造美丽。他把他的作品称为生成艺术或算法艺术，没有人比维罗斯科做得更好了。

罗曼·维罗斯科

用数学搜索纯粹的视觉形式

在西班牙巴塞罗那西北约40英里的锯齿状的石峰之间，坐落着蒙特塞拉特(Montserrat)圣玛丽亚大教堂，这是一座本笃会修道院，你可以通过艰苦的两个小时的徒步登山到达，也可以乘坐缆车来一场空中旅行，或者轻松地乘坐空调列车 15 分钟，饱览窗外美景。修道院里有一尊“黑色圣母像”，这是一尊罗马式的雕像，圣母玛利亚抱着婴儿耶稣。这座雕像被保护在一块玻璃的后面，但有一只手伸在外面，游客在参观廊柱大厅时可以握手或亲吻。雕像的守护者建议为了耶稣，你最好张开你的另一只手。

《黑色圣母像》(*Black Madonna*)是一幅由计算机制成的图像，它的名字和灵感源自修道院里的那座雕像。完成这件作品的艺术家罗曼·维罗斯科住在明尼苏达州的明尼阿波利斯。1963 年他第一次看到这尊雕像（也被称为蒙特塞拉特的圣母），当时他是一名本笃会修道士。他第二次看到雕像是在 2002 年，那时他和他的妻子，心理学家爱丽丝·瓦格斯塔夫（Alice Wagstaff）一起去了西班牙。在第二次旅行中，他们看到了加泰罗尼亚艺术家苏比拉克（Subirachs）的绘画，他把黑色圣母像抽象地描绘成球体、立方体和多面体等几何形状。苏比拉克的画勾起了维罗斯科的想象力。他想知道：他能自己画一张这样的画吗？或者最好的是，他能用计算机画一张这样的画吗？

尽管维罗斯科曾用过多种材料创作作品，但他最出名的是作为一位算法艺术的先驱者，他曾编写代码控制一台装有绘图手臂的计算机“绘图仪”。他在 20 世纪 40 年代和 50 年代初曾是一名画家，当时最好的计算机是诸如英国曼彻斯特大学所装备的那种像房间大小的 IBM Mark I 型巨型计算机。

作为一名艺术家，维罗斯科被 20 世纪早期象征主义运动的艺术家们所吸引，比如瓦西里·康定斯基（Wassily Kandinsky），康定斯基说他致力于将看不见的东西呈现出来。他们对描绘看得见的世界没有兴趣，正如他们声称的那样，他们想用他们自己的艺术语言——以前从未见过的虚拟现实——重新创造这个世界。维罗斯科也走上了类似的道路，但是，对他来说，希望展现无形的东西，这促使他得采用新的技术，他猜测这些新技术会改变世界。

维罗斯科也被宗教生活所吸引，1952 年，他在宾夕法尼亚州拉特鲁贝的圣文森特阿尔查布修道院宣誓成为本笃会修道士，这是美国最古老和最大的本笃会修道院。但这并不妨碍他创作艺术。他被任命为牧师，但他也继续画画。1965 年他在《华盛顿邮报》回顾他的工作时，称他为“在家里有节奏的学者牧师”。在 20 世纪 60 年代后期，维罗斯科和他的精神使命发生了冲突，他感到无论是从个人还是从科学上来看，大变革即将到来。1968 年，他放弃了他宣誓的誓言，并非巧合，同年晚些时候，他娶了曾在圣文森特讲课的心理学家瓦格斯塔夫为妻。然后是计算机革命到来了。

维罗斯科想知道计算机是如何完成它们所做的工作，它们能为艺术做些什么。他选修了一门编程课程，学习了布线、晶体管和电路的基本知识。“我拆开了计算机，”他说：“想搞清楚它是如何工作的，像一个修理工一样”。但是搞清楚它们是如何工作的，只会导致他提出更复杂的问题。你能给一台计算机编程来创作艺术吗？

“我有点儿像个梦想家，”他说，“我实际上相信自己能创造出一种专家系统，它能从我的思想中产生艺术。”

这种魅力的一部分是建立在逻辑规则的基础上的。维罗斯科说，他的工作得益于三位数学家：诺伯特·维纳（Norbert Wiener）、乔治·布尔（George Boole）和艾伦·图灵（Alan Turing），他们的工作使我们有可能教会计算机遵循严格的逻辑规则。他说："不懂点数学，你就不可能编程。"

1991年，当乔治·布尔的《定律的推证》（*Derivation of the Law*）出版发行时，维罗斯科在他的"艺术家的声明"（Artist's Statement）中指出，如果乔治·布尔活在今天，他会因为在计算机汇编语言中看到代表"ON"和"OFF"状态的二进制的1和0欣喜若狂。

20世纪80年代初，维罗斯科的计算机艺术兴起。1982年，他组装了第一代IBM个人电脑，设计了一款名为"幸运之魔手"的机器。它在红绿蓝三色显示器上显示了一个无穷无尽的，永不重复的图案、图像和文字的序列。

后来，维罗斯科把一个机械臂连上绘图笔，再连接到一台计算机上，并将魔手的一些子程序合并到主程序中。他想要绘图笔像他的手臂那样移动，产生一些新的，从他脑海中思想延伸出来的不同的东西。于是代码似乎产生了"想法"，而绘图臂执行这些想法。这在当时来说是雄心勃勃的奇怪思想，大多数人几乎不知道什么是个人电脑，只有通过诸如电视节目"Max Headspace"知道一点信息。（"幸运之魔手"仍在维罗斯科的一些作品展览上运行；在2016年进行了一个月的循环展出，产生出一些迷人而荒谬的作品。）

计算机软件是用代码，即成行的数字和字母写成的，代码告诉计算机该做什么，什么时候做，以及多长时间做一次等。算法是一种一步接着一步的秘诀，指示计算机自己完成工作。在过去的几十年里，维罗斯科编写并完善了许多绘制线条、创建笔画并生成一些看起来像语言符号的算法。他以他的算法艺术闻名并为人们欣赏。有时他把自己的作品称为"生成艺术"。

维罗斯科的计划是创建一个交互的主程序和一个数据文件，主程序将控制和集成所有的艺术子程序；而数据文件则被主程序调用来创建作品。他的主程序类似于创建艺术的物理实体——身体、手臂、眼睛——然后数据文件包含着灵感和想象力。经过多年努力他建造和完善了他的代码。他在绘图臂上添加了各种画笔类型，并找到了适应不同油墨和颜料的方法。1985年维罗斯科完成了在中国的教学之旅后，他把在那里找到的毛笔带回家，他让他的机械手臂适应了这种软画笔，让绘画风格呈现出一种类似催眠的效果，把西方和东方风格结合起来，也把新旧技术结合起来。他的主程序称为"霍多斯"（Hodos），集成了大约他30年的积累的艺术财富，用来创作他的作品。

第152页上的《黑色圣母像》是维罗斯科用编写算法代码的方法产生出来的，灵感来

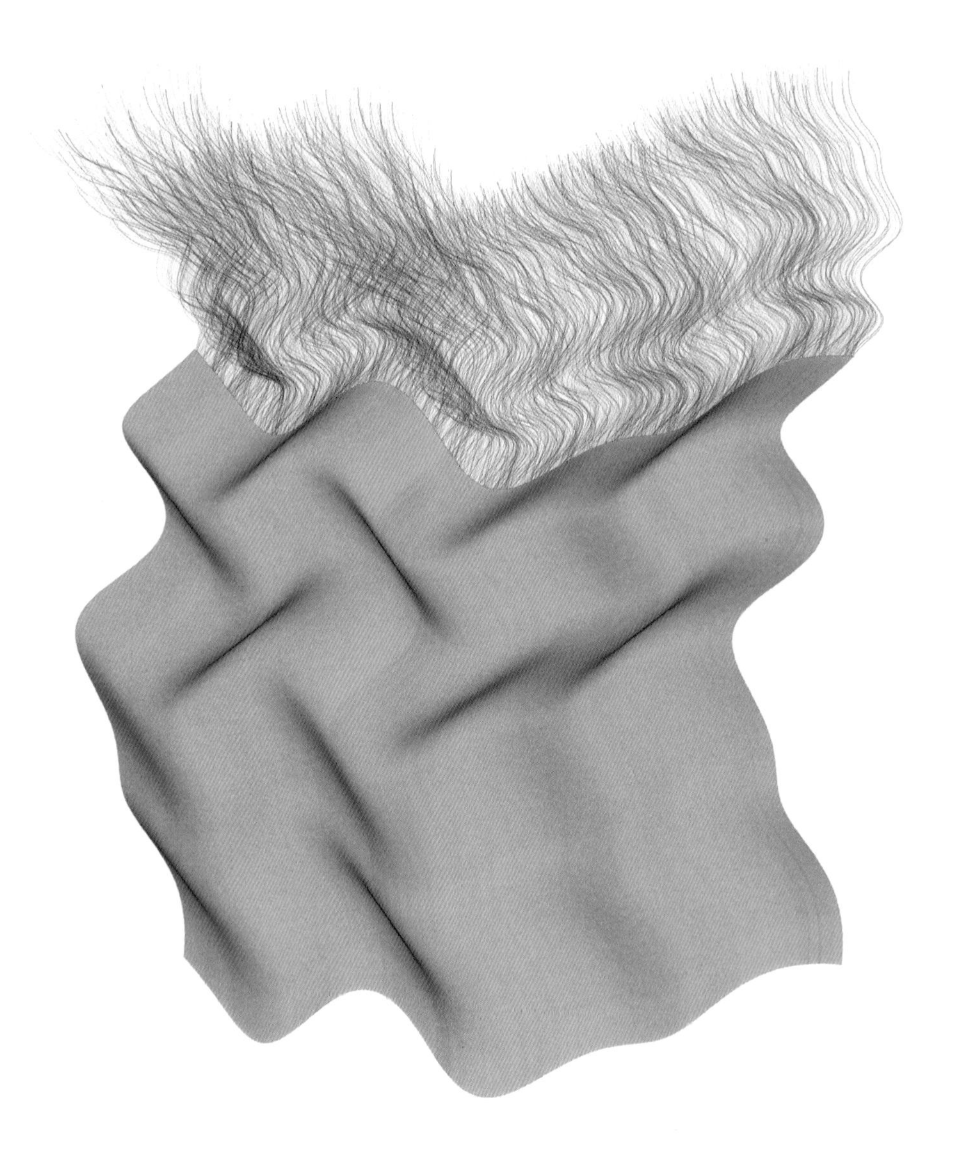

▲《玛丽 · 居里》（*Marie Curie*）罗曼 · 维罗斯科的七幅钢笔画《学习之花》之一，代表知识的花园（见第 157 页）。

自他到山顶修道院的旅行。他制作了不同尺寸和颜色的《黑色圣母像》，这些版本分别收藏在蒙特塞拉特博物馆，弗吉尼亚和伦敦艾伯特数字艺术馆以及他以前待过的圣文森特修道院和学院。

第156页的这幅图——连同维罗斯科创作的同一组的其他六件作品——在肯塔基州路易斯维尔的斯帕丁大学学术中心永久陈列。维罗斯科把这一组用机器制作的钢笔画称为《学习之花》，这些作品是纪念拿撒勒慈善姐妹的，在瓦格斯塔夫*还是这儿的一名学生时，她们那时在大学任教。每幅绘图都伴随着一个以视觉符号编码的相关文本。数学、技术、色彩和思想在绘画中融合在一起，赞美大学是一个学习的花园，他在一幅绘画的描述中写道："我们仍在寻找的地方是一个超越我们所能达到的地方，它召唤我们达到更高境界。"

维罗斯科的机器和作品有时很大。2011年，明尼阿波利斯一年一度的北方星火节以他设计的一台三层楼高的机械绘图机为特色。它从日落时开始作画，到黎明时结束，画了705分钟。聚集在一起观看维罗斯科的机器工作的人群几乎都陷入了冥想，静静地看着图画从由算法驱动的机械臂下缓缓出现。

维罗斯科说，计算机已经成为扩展艺术家的视野的重要工具，比如康定斯基（Kandinsky）和皮特·蒙德里安（Piet Mondrian），他们使用计算机来探寻对现实的新看法。维罗斯科还举了分形的可视化的例子，说明计算机是如何使观察和探索数学模式成为可能的。（见第101页"艺术背后的数学：分形"。）

现在九十多岁高龄的维罗斯科认识到，算法是一把双刃剑。人们用人工智能方法（如机器学习）武装起来，尤其是在科学研究和创造性应用当中，这些算法是有帮助的。同时，"算法可以以破坏性的方式干扰我们的生活，"他说。算法被写出来用于入侵个人的每一个方面。它们告诉人们应该喜欢或讨厌什么，它们支配了我们的口味和购买权。它们为研究和娱乐提供了强大的工具，但它们也在"引诱我们浪费时间。"它们太强大，但这可能不是一件好事。他说："我们也许正在开始面对一种可怕的东西。"

"我这个年龄的大部分人都没有意识到他们的生活被控制到什么程度，以及是以什么方式被控制的。"

---

* 维罗斯科的夫人，前面提到过。

艺术背后的数学：算法

你们知道数独是 NP- 难问题吗？

算法是一种数学秘诀。它的核心是一个简单的指令列表，用来描述一个解决问题的过程。深入研究在手机、台式计算机和笔记本电脑上运行的应用程序和操作系统，你就会在其中发现用计算机代码编写的算法。（你知道恶意软件可以窃取你的数据，或者使用你的机器秘密地进行比特币挖矿吗？它也是在运行一种算法。）这些算法使用键盘和其他在线方式输入，手机或计算机就会精确地执行。它们控制着比如我在浏览器上打开 50 个选项卡时会发生什么，或者当我不想忍受“旋转沙滩球”*，单击“强制退出”时会发生什么。

算法不是现在才有的。当你在学校里学习二项式乘法的“前—外—内—后”（FOIL）公式时，就是在学习一种算法。（“FOIL” 是“first-outside-inside-last”的缩写，这个口诀教你如何将两个二项式乘起来，然而，越来越多的数学老师不喜欢它。）**

巴比伦、中国、埃及、希腊和印度的古代文明都开发过解决各种问题的算法。毕达哥拉斯定理就是一个算法：输入两个数的平方，加起来再求平方根，就可以得到斜边。

埃拉托色尼筛法是另一种古老的算法[一种求素数的筛法，据说可能是希腊数学家埃拉托色尼（Eratosthenes）发明的]，可追溯到公元前 2 世纪。它给出了在一定范围内寻找素数的方法。很简单：把所有不是素数的数字划掉，这意味着你把所有的合数都划掉了。使用时，先把 1 放在一边；然后看 2，不要划掉 2，而是把比 2 大的 2 的所有倍数（也就是比 2 大的偶数）都划掉，现在转到下一个没划掉的数，即 3，这是一个素数，划掉比 3 大的所有 3 的倍数；转到下一个没划掉的数字，即 5，别管它，划掉比 5 大的所有 5 的倍数……无限地继续下去。

---

* 苹果机上的“等待光标”，形状像一个旋转的沙滩球。

** FOIL 公式应解释为：两个二项式的乘积等于两式前面两项的乘积，加上外侧两项的乘积，再加上内侧两项的乘积，再加上后面两项的乘积。

古老的秘诀

“算法”这个词没有想象的那么古老；这个词可以追溯到9世纪的波斯数学家兼天文学家穆罕默德·伊本·穆萨·花剌子密，他曾提倡在计算中使用印度教数字（即阿拉伯数字）。他在《印度数字算术》这本著作中用到了“算法”这个词汇，这本书在12世纪被翻译成拉丁文。（Algoritmi是花剌子密的拉丁文音译，请参阅第226和228页，以获得关于算法的更多信息。）

在计算机中使用的算法始于19世纪中叶，当时数学家们正在给代数制定标准和规则。1847年，英国数学家乔治·布尔——罗曼·维罗斯科推崇的三大灵感来源之一——出版了《逻辑的数学分析》一书，它为亚里士多德的逻辑思想披上了代数的外衣。布尔建立了我们今天在代数和逻辑中使用的许多符号；他阐明了诸如“如果所有的 x 都属于 y，那么一些 y 就属于 x”的概念，并将它们翻译成代数符号。今天我们仍然经常使用“布尔逻辑”一词。

逻辑运算指产生两个值“真”或“假”之一的代数运算。这个二值系统——非此即彼——是我们今天所有技术背后的绝妙想法。每次你运行一个程序，打一个电话，打开一个应用程序，或者在《糖果粉碎传奇》（*Candy Crush*）上打破你的纪录，你的机器就会执行一个复杂到基于数百万晶体管的运算能力的算法，去确定得到的是0或1，开或关，对或错。

许多算法专家对他们的职业采取一种玩乐的态度。每两年，一群数学家和计算机科学家聚在一起参加“国际算法趣味会议”；于2018年秋季在意大利的拉马达莱纳举行了第九届会议。你可以从会议名称中看出，论文的要求是必须提供有趣的或巧妙曲折的算法。在2016年第八届会议上，包括如下的论文标题：

- 《超级马里奥兄弟》比我们想象的更难/更容易
- 建立一个更好的《小鼠走迷宫》
- 如何解决次线性时间下的《蛋糕切割问题》
- 众议院证明了辩论比足球更难

许多论文都是被同样的问题驱动的：你能写一个算法来解决这些谜题吗？在《糖果粉

碎传奇》《数独》或《肯肯》游戏 * 中，你能执行一系列的操作，确保找到解决方案吗？

进入量子世界

以上这些问题的答案都很棘手。研究这些游戏的人们对编写一个实际的程序来取胜并不感兴趣，他们感兴趣的是：这样的程序是否存在？如果存在的话，怎么能证明它是最好的？如果它不存在，怎么证明它不存在？

换句话说，我们的知识和能力有极限吗？

这个问题潜伏在“P 对 NP 问题”的核心之中，这是计算机科学中最著名的未解决的难题之一。（有关“P 对 NP 问题”的更多信息，请参见第 143 页。）《糖果粉碎传奇》（信不信由你）被称为“NP- 难问题”。

算法对于量子计算机也是至关重要的。量子计算机不使用 0 和 1 来执行算法，而是使用粒子，因为量子的怪诞特性，量子可以存在于所谓的叠加状态中。作为经典计算机基本元件的晶体管有两种状态：开或关、0 或 1。而叠加状态可以看成 0 和 1 的某种组合——更像是你观察到粒子处于在这种状态或那种状态下的一种概率。与在经典计算机上运行的算法相比，量子计算机利用这些叠加状态的方式可以使量子算法实现大规模提速。

由于量子算法的出现，量子设备威胁着网络安全。在 1994 年，麻省理工学院的数学家彼得・肖尔（Peter Shor）发明了运行在量子计算机上的一种算法——现在称为肖尔算法，能将自然数分解为素数因子，比在普通的经典计算机上，运行任何已知算法的速度快得多。这就出问题了，因为直到最近，在互联网上发送的信息都是使用由巨大素数相乘而产生的密码加密的。人们对其安全的信心来源于这样一种观念，即对匆忙的网络窃贼来说，计算这些数字需要花费太多的时间。但是肖尔算法则可以快速完成，这意味着，量子计算机一旦上网，如果不改变我们的加密算法，我们的许多私密信息将会变得十分脆弱。

这种能够破解网络安全的量子计算机目前还没有人能制造出来，但各大公司离这一目标正变得越来越近，越来越快。包括 IBM 和谷歌在内的许多公司一直在开发量子计算机和

---

* 以上提到的《糖果粉碎传奇》《超级马里奥兄弟》《数独》和《肯肯》都是计算机或手机上的休闲娱乐游戏，《小鼠走迷宫》是一项研究动物学习行为的实验，《蛋糕切割问题》是一个经典的数学问题。

量子算法，让未来更接近现实。这也是算法艺术家罗曼·维罗斯科在 20 世纪 70 年代首次预见的现实，今天他对此感到非常担忧——在现实中人类缺乏应有的危机感，他们的行为正在响应并适应算法的扩散而没有任何警觉。

▲ 一位艺术家对三维二进制代码的立体渲染图。

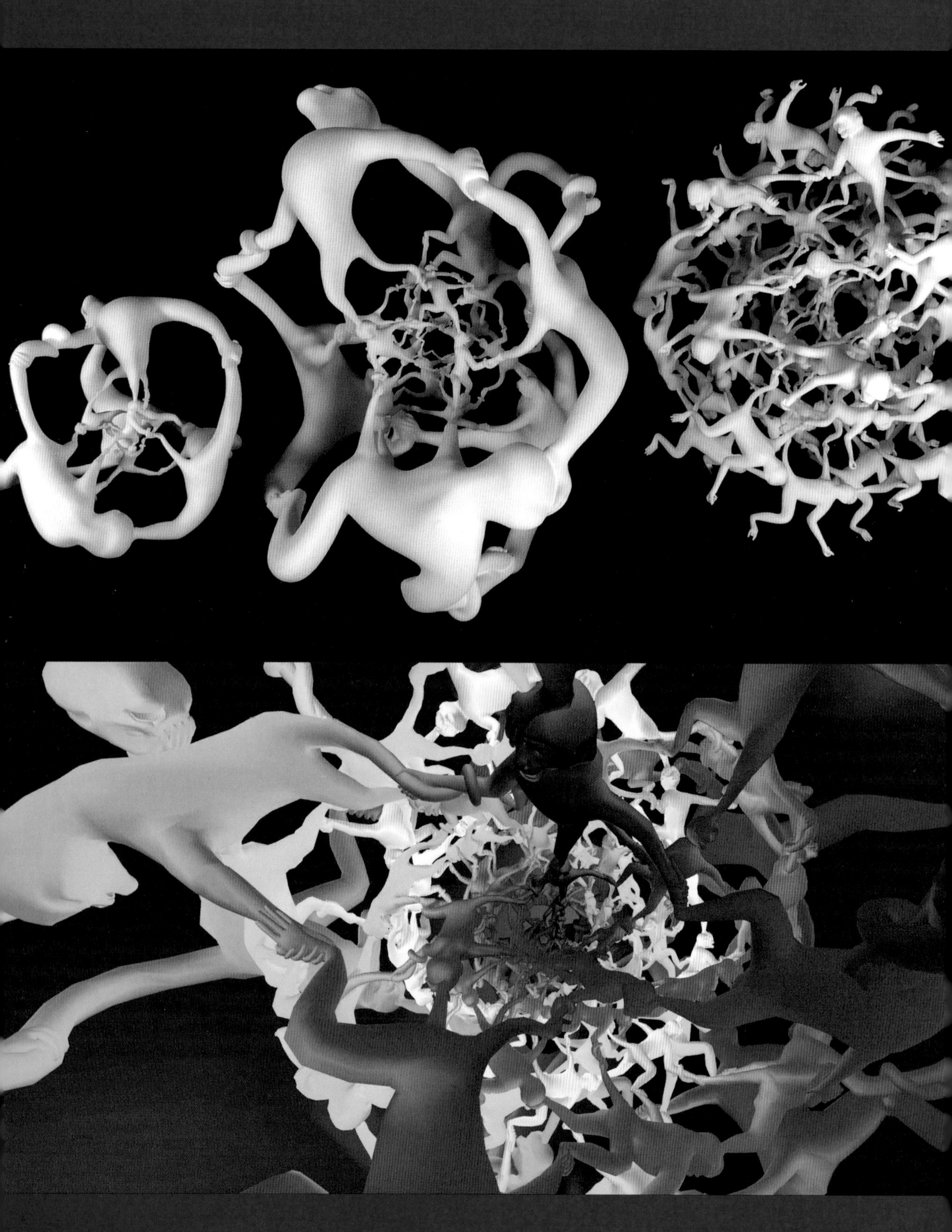

▲ 亨利·塞格曼与维·哈特，安德里亚·霍克斯利，威尔·塞格曼和马克·坦·博什合作的作品，一组名为《跳舞的猴子》的雕塑和一个虚拟现实作品，探索在四维空间里一群猴子的几何造形。

3D 打印机为数学艺术家提供了一种将想法从思想概念转化为计算机软件，再转化为实体作品的方法。这些机器通常使用分层“打印”（即铺加材料）的工艺，从最底层开始一层一层地向上打印制造。

亨利·塞格曼是俄克拉荷马州立大学（Oklahoma State University）的数学家，住在斯蒂尔沃特市，他用 3D 打印机制作雕塑，为美丽的数学对象赋予物理实体。它们既美观又具有特质，显示出空间之间的联系。

亨利·塞格曼

……总会有怪事发生。

在马里兰州巴尔的摩大学举行的 2015 年桥梁会议上，作为跨学科合作者之一的亨利·塞格曼，带了一群“四维空间的猴子”来参加聚会。塞格曼有一个习惯，把第四维度拖进他的艺术。

现在，“桥梁组织”可能是数学艺术的中心。这里是数学艺术一年一度的庆祝活动。它包括几天的学术报告、一个艺术画廊，诗歌朗诵、音乐表演和其他活动。“桥梁组织”支持并促进了数学和艺术交叉的新探索，但即使在那个竞技场里，这群四维空间的猴子也是前所未有。（这本书中介绍的许多数学家都在桥梁大会上展示他们的作品；罗伯特·法索尔，他的数学艺术在第 96—99 页介绍过，他也是桥梁展览的策划者之一。）

塞格曼和他的朋友们的作品《跳舞的猴子》（*Monkey See, Monkey Do*）包括两个部分：第一部分包括三个小雕塑，每一个看起来就像一些跳舞的猴子交杂在一起，手牵着手，脚踩在别的猴子头上。第二部分是一种身临其境的虚拟现实的体验，观众可以近距离地从个人角度观看这些猴子是什么。

猴子之间的连接不是随意的。它们在雕塑中被安排成——一只猴子的脚与另一只猴子的脸相连，它们还通过相互握住爪子相连——这些连接构成了柏拉图多面体，但是它们是四维空间里的多面体在三维空间的投影。当你看到它们时，你会知道这是柏拉图多面体：它们的边是相等的，而且每个面是正多边形，这意味着每个内角是相等的。还有，柏拉图多面体中的每个顶点都有相同的面数在此相交。

在三维空间中，只有五种柏拉图多面体：正六面体（立方体），正四面体（正三角形底座和 3 个正三角形侧面的金字塔形状），正八面体（8 个面，每个面都是正三角形，看起来像一颗钻石。），正十二面体（12 个面，每个面都是正五边形）和正二十面体（20 个面，每个面都是等边三角形）。（有关柏拉图多面体的更多信息，请参阅第 68—73 页“艺术背后的数学：多面体家族”。）

在四维空间中，有六种柏拉图多面体。如果你想知道空间维数再高会如何？不会继续增加下去了！在五维甚至更高维的空间中，只有三种柏拉图多面体。

这些猴子是塞格曼和其他数学艺术家，如维·哈特、安德里亚·霍克斯利、威尔·塞格曼和马克·坦·博什之间的合作成果。这个小组想展示四维空间中与正多面体类似的形体看起来是什么样子。

为了理解这意味着什么，想象一下，你是一个二维的生物，生活在一张二维的纸面上。如果有人想向你解释一个球体是什么样子，你可能会听不明白——因为你永远无法体验三维空间。

如果一个球体（三维的）碰巧穿过你附近，你看不到它的立体形象，你首先会看到一个点，它长成一个圆圈，变成一个更大的圆圈，然后变成一个球体赤道大小的圆圈，再然后圆圈变小。最后它会慢慢收缩，缩回一个点。（这个例子是从埃德温·阿伯特·阿伯特那里偷来的，他是一名英国教师， 他于 1884 年出版了一本名为《平面国》（*Flatland*）的书，描述了他想象中的浪漫而幽默的跨维度的冒险经历。）

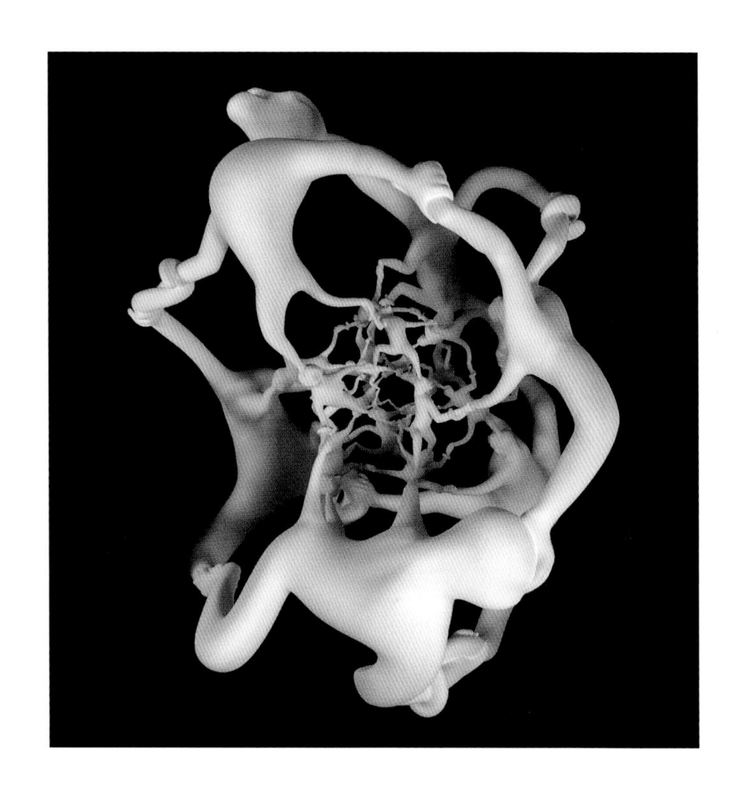

▶《跳舞的猴子》立方体的细部。

塞格曼和他的合作者们创作的一个最简单（第 162 页上图中最左边的一个）四维实体的雕塑描绘了一个魔幻世界，这个最简单四维实体是“正八胞体”，当它以三维形式而不是四维形式呈现出来时，有点像一个立方体套在另一个立方体内，两层立方体在角上互相连接。正如一个立方体是由六个正方形组成的一样，一个正八胞体是由八个立方体组成的。在《跳舞的猴子》中，每个立方体中间都有一只猴子，它们的四肢、尾巴和头部各对应立方体的一个面，这样的安排使雕塑有一种奇异的对称感觉。

第二个简单的四维实体（其实并不简单），它被称为“正 24 胞体”（第 162 页上图中间那一个）。这一个实体有 96 个边，24 个顶点，96 个面（都是三角形）。换句话说，如果你想要构建一个能够进入的四维工作区，那么你将需要 96 根牙签来做它的边。第三个最简单的是“正 120 胞体”（第 162 页上图中最右边的一个），或者说是正十二面体的四维版本。

它们是一种复杂的形体，即使不用《跳舞的猴子》来渲染，也会引起人们的思考。但是，艺术工作者更进一步地创造了一种仿真的虚拟现实体验，观众可以戴上立体声耳机，去

▲ 亨利・塞格曼的《方格》，用光线将球体上的图案投影到平面上。

▲ 亨利·塞格曼的《六角形地砖》，在平面上的投影保持了球面上的角度。

欣赏巨大的、闪光的、房间大小的猴子在旋转和扭曲的雕塑版本。这些旋转的猴子会让人既兴奋又迷惑。

塞格曼和他的兄弟威尔一起完成了这个雕塑。塞格曼的学术研究偏向于数学和可视化与拓扑的结合，以及对几何对象如何连接的数学研究。（拓扑学家不太关心你能测量到的东西，比如长度和角度。）可视化一直是塞格曼的数学方法的关键部分。他在英国长大，对艺术和数学方面都很有天赋。但在牛津学习期间，他认为数学对他来说是一个更实际的选择。

“艺术太变化无常了，”他说。“如果人们不喜欢你做的东西，那么……”

但是艺术不会离开这位数学家。几年后，作为加利福尼亚斯坦福大学的研究生，塞格曼发现了 Second Life® 网站 *，一个虚拟的三维的在线世界。他说：“在这个三维世界里，你可以制造东西。”

他开始输入一些简单的东西，比如三维纽结，后来他在信息空间中建造各种更复杂的、

---

* 一个虚拟现实的游戏网站。

“数学总是把你带到有趣的地方。”

——亨利·塞格曼

多维的、虚幻缥缈的数学雕塑。在 Second Life®，他遇见了芭丝谢芭·格罗斯曼（见第 77—81 页），她把他介绍给了桥梁组织，也给他介绍了可以实现创造他的虚拟模型的物理版本的想法。他还访问了格罗斯曼的工作室，格罗斯曼半开玩笑地把他带上了数学雕刻家的道路。

塞格曼说，他一开始并没打算创作他的雕塑的有形版本，但现在他有很多作品违背了他的初衷。“数学艺术界有很多人都是以触觉为基础的。”他说：“他们想用他们的手工作，而这完全不是我的方向。”

他的艺术涵盖了一系列的数学思想。他说，3D 模型为弘扬和理解数学提供了另一种交互的方式，这是抽象语言和方程不可能办到的。他的作品给用数学符号书写难以理解的想法带来了光明和生命。

这两幅图像是方格和六边形的投影图，展示了一种叫作“立体投影”的思想。一种是使用球体投影出六边形网格，另一种是投影出方形网格。（见“艺术背后的数学：立体投影”，第 169 页）。一盏明亮的灯从球体的上方透过球体表面的镂空图案，在下面的二维水平面上投影出一个明暗相间的方形网格。这是制图学家几个世纪以来一直在探讨的一个数学问题的物理证明：你如何在二维平面上表示一个三维球面？

关于塞格曼艺术的事情——尽管他不愿意这么称呼它——但他不能抵制灵感。当他想到一个新的创造性想法时，他就已经输了。他必须做，是因为没有其他人在做，也没有人打算去做。“这就是有一个想法需要人去实现，你正好在那儿，那就该你去做这件事。”塞格曼说。

他的灵感也常常来自合作者。与塞格曼经常合作的加利福尼亚州皮策学院（Pitzer College）的大卫·巴赫曼（David Bachman）就接受过作者的采访，他说：“亨利创造的数学模型，展现了数学内在的美。”

最近，塞格曼一直致力于他所称的“机器”，或可移动的雕塑，但它经常违背人们的意愿，以看似不可能的方式移动。从理论上讲，它们应该正常工作。毕竟，塞格曼使用的是计算机建模软件对它们进行设计，并用 3D 打印机将它们打印出来。数学检验没问题，方程也是对的，但现在还是不行。他希望雕塑会以他希望的方式移动，但塞格曼说："结果真的很难预测。"经常出现没有预料到的情况。铰链会向你预想不到的方向弯曲，或者机器会因自己的质量倾倒。

他说大多数情况下，"总会有怪事发生"。

但正是由于这些创作过程中的意外，这些模型的异常和数学的确定性之间的矛盾，才会引发出新的东西。他说："数学总是把你带到有趣的地方。"

艺术背后的数学：立体投影

如何将世界弄平

人们一直在绘制地图，并逐步认识到作为我们家园的这颗行星的形状，地图绘制者们不得不考虑这样一个矛盾：我们生活在一个球形的星球上，而我们的地图却是一张平面。当地图是手工绘制的奢侈品时，有这样的矛盾；当我们开车旅行时使用的折叠起来扔在乘客那边的地上的地图，也有这样的矛盾；现在，当地图按我们的指令出现在导航仪上时，这个矛盾依然存在（三维模式的电子地图可能会稍微真实一点）。

在平面上表示圆球表面，总会有一些扭曲；认真的制图师会尽最大努力将其降到最低。最常见的使世界变平的方法是墨卡托投影（Mercator projection），以 16 世纪佛兰德制图师杰拉尔德斯·墨卡托（Gerardus Mercator）命名。墨卡托投影保持平行的经度线（地图上的上下线）和平行的纬度线（地图上的水平线）。它们在地图平面上互相垂直，就像它们球体表面那样。

这种做法有其优点，特别是对海员而言。墨卡托地图上的直线代表真正的方位，这就是你想从一个地方航行到另一个地方的路径。

墨卡托地图缺点是，这种方法夸大了离赤道远的陆地的面积，而减少了赤道附近的国家的面积。格陵兰岛实际面积比阿拉伯半岛要小，但在墨卡托地图上，它看起来比南美洲还要大。南极洲横跨地图底部，看上去几乎和所有其他陆地相加的面积一样大。

点到点的匹配

还有其他方法可以将球面投影到平面上。

其中一种方法叫作立体投影，它在第 166 页和第 167 页，由亨利・塞格曼在模型中举例说明。首先想象你在一张平面上放上一个球。要将你球面上的某个点投影到平面上，从球的顶端，如果我们说的是地球，那就是北极，在要投影的点之间画（或想象）一条直线，如果你沿着这条线离开北极，通过你要投影的点，你会看到它正好射中平面上的一个点。

如果你希望从球面（地球）映射到平面（地图），你可以对球面上的每个点或每块形状执行同样的操作。在这种情况下，南极将对应球面和平面相交的点。

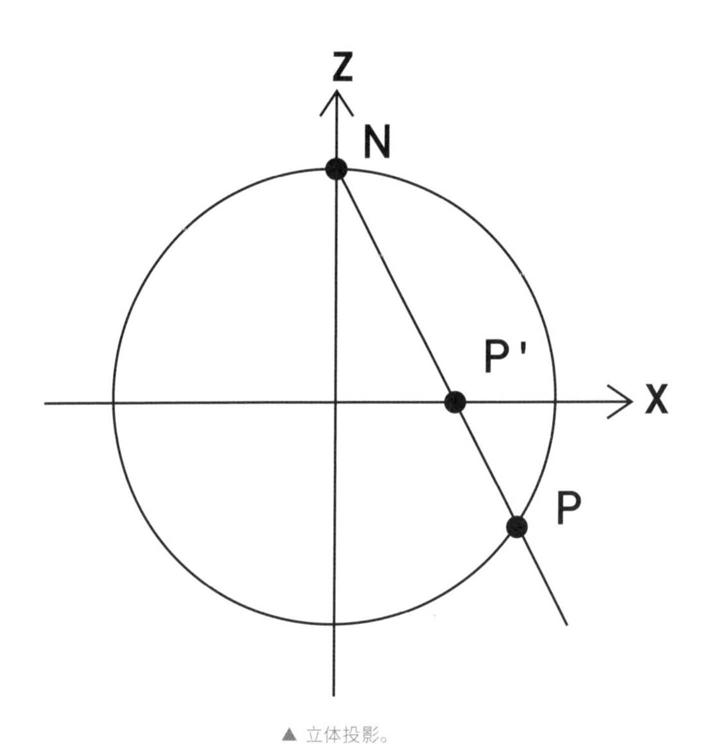

▲ 立体投影。

这样，球面和平面上的点具有一一对应的关系，这意味着它们具有相同的基数或点数。在这里，所有的点数是一个超限数，也就是说有无穷多个点。这也意味着，除了北极以外，球面上的每个点有一个，而且只有一个对应的点在平面上。反之亦然，平面上的每一点在球面上也有一个对应点。立体投影给了你一种在平面上找到那个点的方法。

如果你想投射整个球体到平面，你需要一个无限大的平面。想象一下北极旁边很近的一个点：从北极开始穿过那个点的直线会延伸到很远很远的地方。由于无限平面的不实用性，如果制图人员确实使用了立体投影，他们很有可能一次映射一半的球面，例如第 172 页下方的左图。这样，半球面就能巧妙地映射到一个圆上。然而，正如你所看到的，大陆的相对大小失去了原来的比例，所以地图在距离上是不准确的。

在第 166 页塞格曼的 3D 打印模型中，光线在球体顶部发出，通过空旷的空间，这些图案以正方形格子的形式投射到平面纸张上。请注意，球体的顶部是空的，以便通过光线，图案是由下半球产生的。

立体投影的一个吸引人的特点是它是正形投影（也称保角投影），这意味着如果两条曲线在球面上以某一角度相交，它们在平面上也以相同的角度交叉。球面上的直角投影到平面上也是直角。例如，保持角度可以帮助人们在一个新的城市中航行，识别交叉路口和地标。

再看塞格曼的作品：你可以看到刻在球面上的直角变成平面上的直角。它还将圆圈映射到圆圈，这意味着球面上的圆圈投影在平面上也像圆圈一样。但是它也有缺点：立体投影不能保持线段的长度或区域的面积（同样，你可以在照片中看到）。所以如果你用它制作一张世界地图，就会明显失真。

对三角学爱好者来说是个好消息！

如果你是那种喜欢在描述时使用方程式的读者，那就太好了。假设你有一个球面，想用立体投影将它映射到平面上。为简单起见，设球的半径为 1， 如果你有一个球面上的点 (x, y, z) ，在平面上找到对应的点 (x', y') ，那么你可以用方程：

$$(x', y') = \left(\frac{x}{1-z}, \frac{y}{1-z} \right)$$

记住 (x, y, z) 是球面上的点，(x', y') 是平面上的点。还有其他的投影方法。你可以做一个日晷投影，这意味着，不是从北极画一条穿过你的点的线来延长，而是从球体中心画一条线向外延伸到平面。你可以用这种方法一次投影不到一半的球体，但是在边缘附近的变形相当严重。你还可以做所谓的正射投影，这意味着你的发光点无限远，光线到球面时是平行的而且是垂直于球面的。在这种情况下，你可以一次映射出一半的球面，得到一幅很好的地图。

立体投影不仅对地图制作者有用。天体物理学家研究在月球、小行星或火星上地貌特征时也常用到，因为它保留了圆形形状不变，诸如环形山、陨石坑或火山口之类的地质特征不会变形。喜欢扭曲现实的业余和专业摄影师则可以使用立体投影滤镜、镜头或图像处理程序以创建时髦的影像。在数学家亨利・塞格曼的手中，这种方法激发他创作了 3D 打印作品，这些作品清楚形象地展示了空间之间的联系。

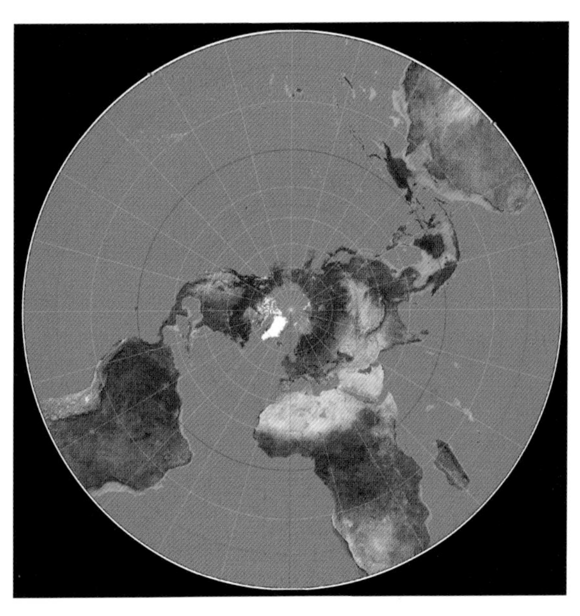

▲ 立体投影得到的南纬 30 度以北的世界地图。

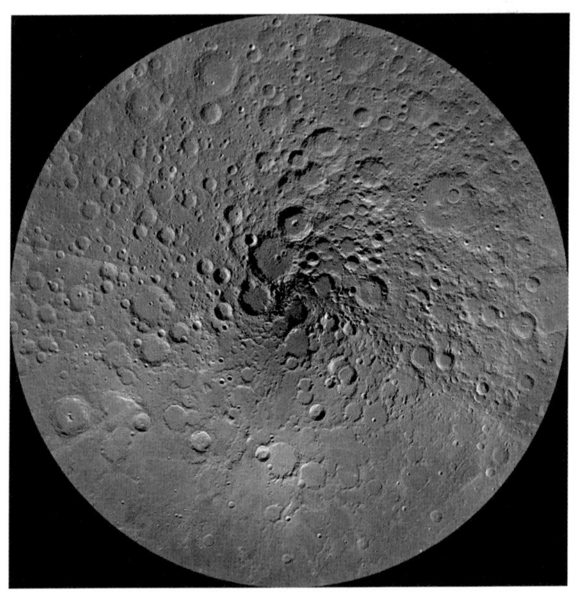

▲ 美国国家航空航天局拍摄的月球北极附近的立体投影照片。

▲ 巴黎的立体投影照片。

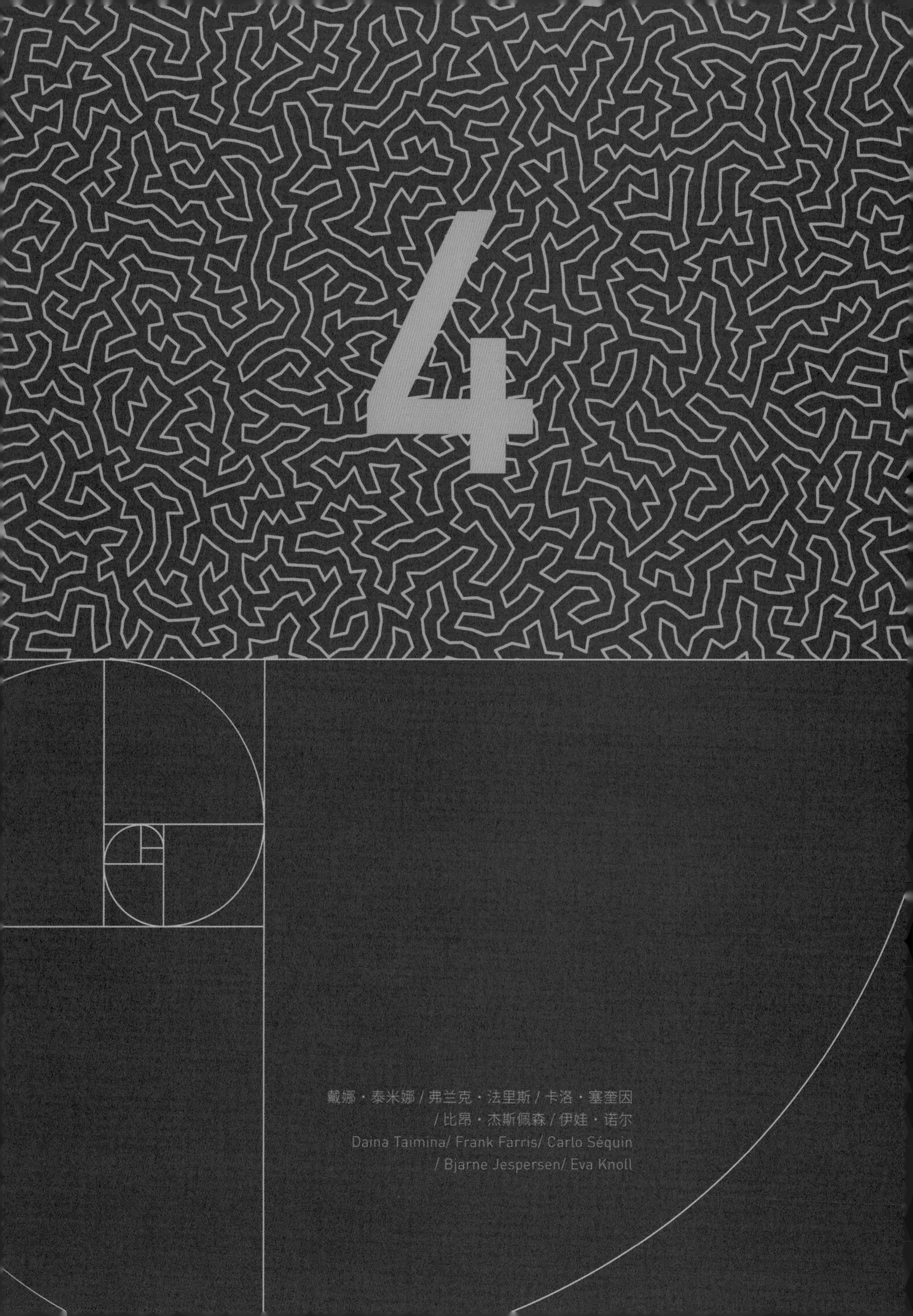
4
戴娜・泰米娜 / 弗兰克・法里斯 / 卡洛・塞奎因
/ 比昂・杰斯佩森 / 伊娃・诺尔
Daina Taimina/ Frank Farris/ Carlo Séquin
/ Bjarne Jespersen/ Eva Knoll

第四篇

看似不可能

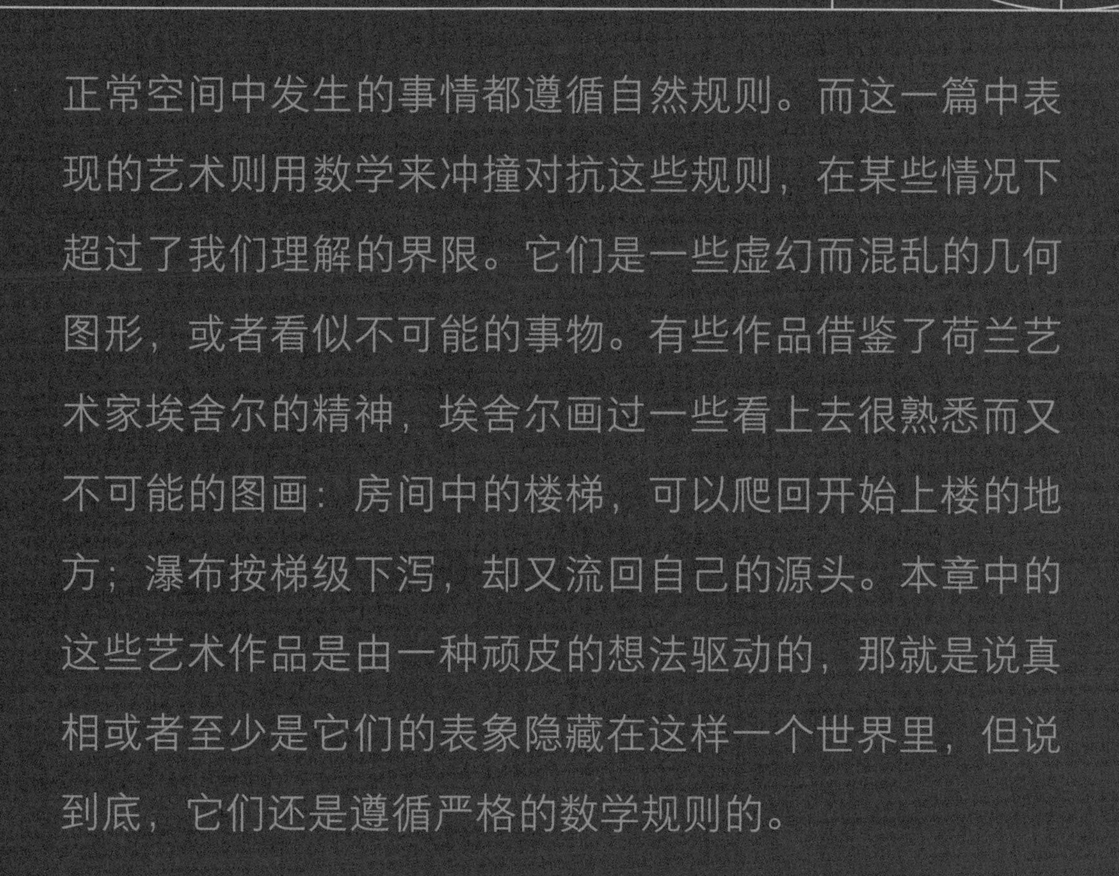

正常空间中发生的事情都遵循自然规则。而这一篇中表现的艺术则用数学来冲撞对抗这些规则，在某些情况下超过了我们理解的界限。它们是一些虚幻而混乱的几何图形，或者看似不可能的事物。有些作品借鉴了荷兰艺术家埃舍尔的精神，埃舍尔画过一些看上去很熟悉而又不可能的图画：房间中的楼梯，可以爬回开始上楼的地方；瀑布按梯级下泻，却又流回自己的源头。本章中的这些艺术作品是由一种顽皮的想法驱动的，那就是说真相或者至少是它们的表象隐藏在这样一个世界里，但说到底，它们还是遵循严格的数学规则的。

▲ 戴娜·泰米娜用钩针编织的《伪球面》。

第15章 超越欧几里得的编织品

大家对缝纫、棒针编织或钩针编织一定非常熟悉。这是一种用手和用脑结合，数学和手工结合的工艺。戴娜·泰米娜是钩针编织中富有想象力的开拓者。她用绒线钩织而成的曲面形状艺术作品，是一位手工编织专家向欧几里得的几何定律发起的挑战，这位大约 2 300 年前的希腊几何学家，制定了几何学的基本规则。泰米娜除了通过证明和用方程研究几何学之外，还花了很多额外的精力去体验非欧几里得几何的数学思想。从非欧几里得几何中产生的思想似乎违反了直觉，但在泰米娜的手中，它们变成了可见的视觉形象。它们要求我们以一种有违常规的方式来看待图案和形状。泰米娜的方法吸引了世界上很多钩编爱好者。他（她）们拿起钩针，织出了双曲几何中许多令人惊奇的思想的实物作品。

戴娜·泰米娜

钩出双曲空间

有些人用钩针编织帽子和围巾，还有人编织厚厚的毛衣和温暖的毯子，毛茸茸的智能手机套子和绒毛动物。当然泰米娜也可以做这些事情。但在最近的二十年内她在工艺师和数学家中赢得了许多粉丝和追随者，他们共同追求的，是那些按照“双曲几何学”的规则编织的，迷人的、彩色的、柔软的、温暖的和蓬松的编织物件。

她的作品小到可以握在手中的柔软的海绵状小球，大到一只 17 磅重的绒毛巨兽，它们提供了一种不用研究方程式就能看到和感受到数学内在美的方法。

不知道你是否听说过“双曲几何学”这个名词，“双曲几何学”是属于听起来比实际更吓人的那种术语。其实在自然界很容易发现双曲面。这个看似很深奥的概念你可以从一些自然界中最令人迷惑和优雅的造型中看到，也可以从一些我们很喜欢的人造物体中发现。如果你让一个几何学家从数学上去描述一个马鞍，他可能会说，这是一个“三维空间中的双曲面”的一部分。

这种形状也出现在生菜叶边缘的弯曲和卷褶上或水母触角的波状边缘上。它也出现在珊瑚或真菌的曲面，或海蛞蝓类的软体动物波浪般起伏的身体上，当你挑战欧几里得时，这些奇特的曲线或扭曲的曲面就会出现。（有关欧几里得几何学和非欧几里得几何学，见“艺术背后的数学：双曲几何”，第 182 页。）

“双曲几何学”为我们提供了一种方法来描述自然界中一些最奇特、最优美的形态，以及如何理解这些奇怪的形态在其他维度中的表现。如何用钩针编织表现双曲面，泰米娜认

▲ 戴娜·泰米娜的钩编《双曲线平面》，反映了自然界中出现的曲线和形状。

▲ 戴娜·泰米娜用钩针制作了漂亮的双曲线平面模型，这是其中之一。

> “在数学上有很多条路可以考虑，在艺术上也是一样。”
>
> ——戴娜·泰米娜

为这好像是世界上最明显的事情。只要遵循一条基本规则。她说：“这很简单，保持恒定的曲率就行。”

一般来讲，人们看待实际的表面，每个地点的弯曲形状都是三种基本形态之一。首先是平面（零曲率），这实际上是我们居住的地方。（人类的身高和地球的曲率差别是如此之大，以至于好像我们的世界完全是平坦的，我们在平面上建造了高楼和道路。）你也可以有一个叫作正曲率的形态，就像是在一个球体的表面。还有第三种不太熟悉的选项：负曲率。站在双曲面上就像站在马鞍上：它在一个方向上向上弯曲，在另一个方向上向下弯曲。正如海拉曼·弗格森在这本书的开头所指出的那样，人体包括了由正曲率区域（如肩膀）和负曲率区域（如腋窝）。

在 20 世纪 90 年代中期，泰米娜开始用钩针编织双曲面，当时她在纽约州伊萨卡的康奈尔大学，被安排了教大学生“双曲几何学”的任务。她在 1997 年举办的关于这个课程的研讨班上，遇到了数学家大卫·亨德森（David Henderson），后来她成了他的妻子。当时她看到了亨德森制作的双曲面纸模型。亨德森的模型是用弯曲的薄纸粘在一起做成的，十分纤巧脆弱。泰米娜想拿起它，但又不敢，怕那东西会散掉。

她开始做自己的更结实的模型。她研究了亨德森制作的双曲面模型，它只用到了纸、剪刀和胶带。1978 年亨德森曾用瑞士军刀制作了他的第一个模型，当时他在缅因州划船旅行和野营，并参加一个夏季研讨会。他从康奈尔大学的数学家威廉·瑟斯顿（William Thurston）那里学到了这项技术。

没过多久，泰米娜就意识到，不需要去裁剪脆弱的纸张，她可以使用绒线来编织双曲面，钩针是一种很自然的搭配。她很快就发现了诀窍，基本思路就是在连续编织的每行中增加一定的针数，但如何增加则需要大量的试验和试错。“第一个作品太丑了，我什么也没做出来。”她说。

于是，她不断改进，精益求精，双曲面模型钩织出来了。她制作了几十个不同尺寸和形状的模型，并使用了不同类型的绒线。试验不同材料、图案和颜色的搭配，产生的作品惟妙惟肖地模仿了自然对象。在本章开头展示的作品《伪球面》（*Pseudosphere*），使用颜色对比，勾画出了双曲面世界上的路径形态。

2009 年，泰米娜出版了一本关于这一主题的书，名为《双曲面钩编历险记》（*Crocheting Adventures with Hyperbolic Planes*）。因其清晰的阐述获得了“美国数学协会奖”，它还击败了《第三帝国收藏的勺子》（*Collectible Spoons of the Third Reich*），获得了“年度最古怪书名奖”。

泰米娜的作品鼓舞了其他人。她的工作引出了一件最大的副产品——钩编珊瑚礁（Crochet Coral Reef）。在 2005 年，洛杉矶计算研究所的玛格丽特・韦瑟姆（Margaret Wertheim）和克里斯汀・韦瑟姆（Christine Wertheim）姐妹发起了这个项目。这对姐妹出生在澳大利亚，现住在洛杉矶。她们决定用泰米娜的方法来制作自己的编织品。她们开始用钩针编织一个大堡礁 * 模型。这个模型很快就充斥了她们的起居室。她们还创造出各种双曲面物种，与珊瑚礁中的生物相对应，包括海带、海蛞蝓、海葵和珊瑚。

现在成千上万的人加入她们的珊瑚礁项目，或者开始自己的钩编珊瑚礁作品。有几个小组还用绒线和塑料制作了大堡礁的子礁盘，甚至包含“毒礁”模型，以提高人们环境意识，保护全球珊瑚的生存环境。

泰米娜和她的学生在教学中一起使用了几十年的钩编双曲面模型，一旦学生们掌握了如何用钩针的编织双曲面，他们就更容易理解抽象的方程式。当她还是个孩子的时候，人们就说她没有艺术天赋。而事实上她的名字现在与数学艺术家联系在一起，令人感到有些奇怪。“人们说我永远不会成为艺术家，”她说。“这是一种误解，认为数学家有了一种风格，就不能再有其他的东西了。但是在数学上有很多条路可以考虑，在艺术上也是一样。”

---

* 大堡礁是世界上最大最长的珊瑚礁群，位于南半球澳大利亚的东北沿海。

艺术背后的数学：双曲几何

“看在上帝的分上，请放弃吧。”

双曲几何学是叛逆的几何学：它是在叛逆中诞生的，它继续以叛逆的方式制造混乱并推动新的思想。它是几何学，它的故事是古老的，标志它诞生的篇章开始于 19 世纪的匈牙利，包含了一个未完成的追求。

几何学家法卡斯·鲍耶（Farkas Bolyai），1775 年出生在特兰西瓦尼亚 * 附近。鲍耶具有数学的热情和天赋。他一生中的大部分时间花在做家庭教师或给大学生讲授初等数学、物理和化学课程上。他不得不努力地维持收支平衡。他经营着一家酒吧，他也写剧本，他还设计并出售瓷砖。鲍耶是卡尔·弗里德里希·高斯的朋友，高斯当时已是一位数学巨人。他深入研究过欧几里得的《几何原本》。

鲍耶和其他数学家一样，特别关注欧几里得的第五公设。而且，和其他数学家一样，

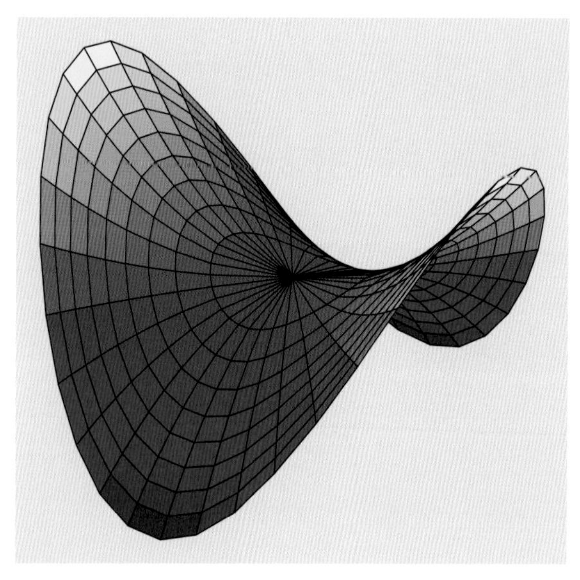

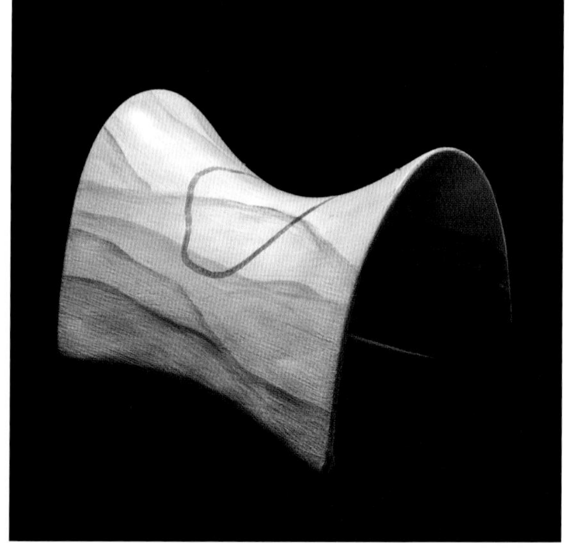

▲ 双曲抛物面。

* 古公国名，原属匈牙利，“一战”后成为罗马尼亚的一部分。

他认为自己找到了一种方法用欧几里得的第一到第四公设证明了第五公设。但高斯在他的证明中发现了一个致命的缺陷。

1802 年，法卡斯和他的妻子有了一个儿子，名叫亚诺什・鲍耶（János Bolyai）。法卡斯从小就教亚诺什数学。与他父亲一样，亚诺什也很出色。而且亚诺什也被几何学和欧几里得所吸引，也开始思考关于平行线的公设。亚诺什青少年时代就曾写信给他的父亲说，关于这个令人烦恼的第五公设，他有一些有趣的想法。

爸爸法卡斯回信给了儿子一些父亲的忠告。他写道："别去尝试它，它会剥夺你的闲暇、健康、休息和你生命中的所有快乐，"然后又说："我已经探测过那个无穷无尽的黑夜。我生命中的所有光明和欢乐都赔进去了。"

父亲的警告反而鼓舞了亚诺什，就像其他叛逆的青少年一样，亚诺什继续前进。几年后，亚诺什发现了非欧几里得几何。非常凑巧，大约在同一时间，俄罗斯的数学家尼古拉・伊万诺维奇・罗巴切夫斯基（Nikolai Ivanovich Lobachevsky）独立发表了自己关于同一领域的成果。亚诺什・鲍耶现在被广泛认为是整个非欧几何学研究的先驱。非欧几何学的最基本的问题是：如果你打破了欧几里得的第五公设，会发生什么？

双曲抛物面

亚诺什・鲍耶自豪地写信给他的父亲："我创造了一个新的不同的世界。"

"双曲几何学"是在打破了欧几里得的规则时发生的。在《几何原本》中，希腊几何学家欧几里得拟定了五个基本的几何规则。《几何原本》不能完全归功于欧几里得一个人，它更像是那个时代所有的数学知识的集大成者。物理学家斯蒂芬・霍金（Stephen Hawking）在《上帝创造整数》一书中称，欧几里得是"有史以来最伟大的数学百科全书式的人"。

这五条规则现在被称为欧几里得公设，前四个公设都是十分简单直接的。

1. 如果你有两个点，你可以在它们之间画一条线段。
2. 如果画了一条线段，则可以将其两端延长，成为一条直线。
3. 如果有一条线段，可以用它的一个端点作为圆心，以线段的长作为半径画一个圆。
4. 所有的直角是可以重合的，这意味着它们具有相同的测量值（90 度）。

而第五公设则更像是一种法庭上的陈述。

它说：如果一条直线穿过另外两条直线，如果它与这两条直线相交在同一边的两个内角相加不到两个直角，那么这另外两条直线就会相交。（如果你把它们延长到足够长的话。）这是一种严谨的陈述方式，数学家们已经发现了第五公设有许多与原著不一样的陈述，但是都是等效的。其他的陈述还有：

· 三角形的内角和总是等于 180 度。

· 如果你有一个四边形，三个角都是直角，那么第四个角也是直角。

· 如果你有一条直线和不在这条直线上的一个点，那么只有一条直线通过这点与已知直线平行。（这种陈述法被称为“普莱费尔公理”，以苏格兰大臣，数学家约翰 · 普莱费尔命名。）

由于这个原因，欧几里得的第五公设常被称为“平行公设”，尽管欧几里得公设的原始描述里并没有使用“平行”一词。

数学家从来没有对欧几里得的第五公设感到满意过。他们试图通过使用前面四个公设来证明这个第五公设，几千年来他们都失败了。事实证明，并不是他们缺乏努力，而是因为这个公设本身并不总是真的。随着时间的推移，他们的注意力从试图证明第五公设转移到提出疑问：如果情况并不总是这样，会发生什么？

如果第五公设不成立，那么它的等价公设也都不存在了。那么就可能有方法构建出内角和不等于 180 度三角形，或者可能存在多条直线，通过定点与你的第一条直线平行。对于敢于以这种方式思考的第一个数学家来说，这些思想必然是非常令人困扰而同时又是令人振奋的。

弯曲世界上的几何学

这些数学家只好用借用现成的“术语”很别扭地称呼这种新几何学为非欧几里得几何学，或非欧几何学，这表明了数学术语明显缺乏发展。现在知道存在两种非欧几何学——“椭圆几何学”和“双曲几何学”。它们以不同的方式打破了欧几里得的第五公设，因此它们有完全不同的规则。但是有一种简单的方法来说明你正在使用哪种非欧几何学：三角形的三个内角之和，在椭圆几何中会超过 180 度；而在双曲几何中则会小于 180 度。

假设你在一个球体上学习几何学，或者说就是地球上的几何学。如果你手头有一个地球仪，它将有助于这一思想实验。沿赤道线取一条线段，从那条线段的两端沿经线向北画两条直线一直延伸到北极相交，形成一个球面三角形，现在把三角形的内角加起来。

赤道两端的角度必须是直角，因为经线和纬线总是以直角相交的。但是这两个内角之和都有 180 度了，不管你的三角形在北极的那个顶角有多大，这个三角形内角和都超过了 180 度。这意味着你的世界遵循“椭圆几何学”。（具体来说，这是一种叫作“球面几何学”的“椭圆几何学”。）你的三角形不仅有多余的角度，而且，如果你做一下计算，你就会发现另一些奇怪的东西：可爱的毕达哥拉斯定理居然不成立了！

还有另一种非欧几里得几何，叫作“双曲几何学”。这就是戴娜·泰米娜、赫尔曼·弗格森、弗兰克·法里斯和其他人作品中的几何背景。在双曲几何中，曲率恒为负数的曲面意味着三角形的角加起来小于 180 度。（如果你在马鞍上画了一个三角形，如果找不到马鞍，可以想象你所喜爱的像马鞍那样弯曲形状的薯片，你可以自己验证这一点。）

几个世纪以来，数学家们已经构想出了一批迷人的模型，这些模型严格遵循双曲几何的特性。最有趣的一个叫作“庞加莱上半平面模型”（Poincaré upper half-plane），以 19

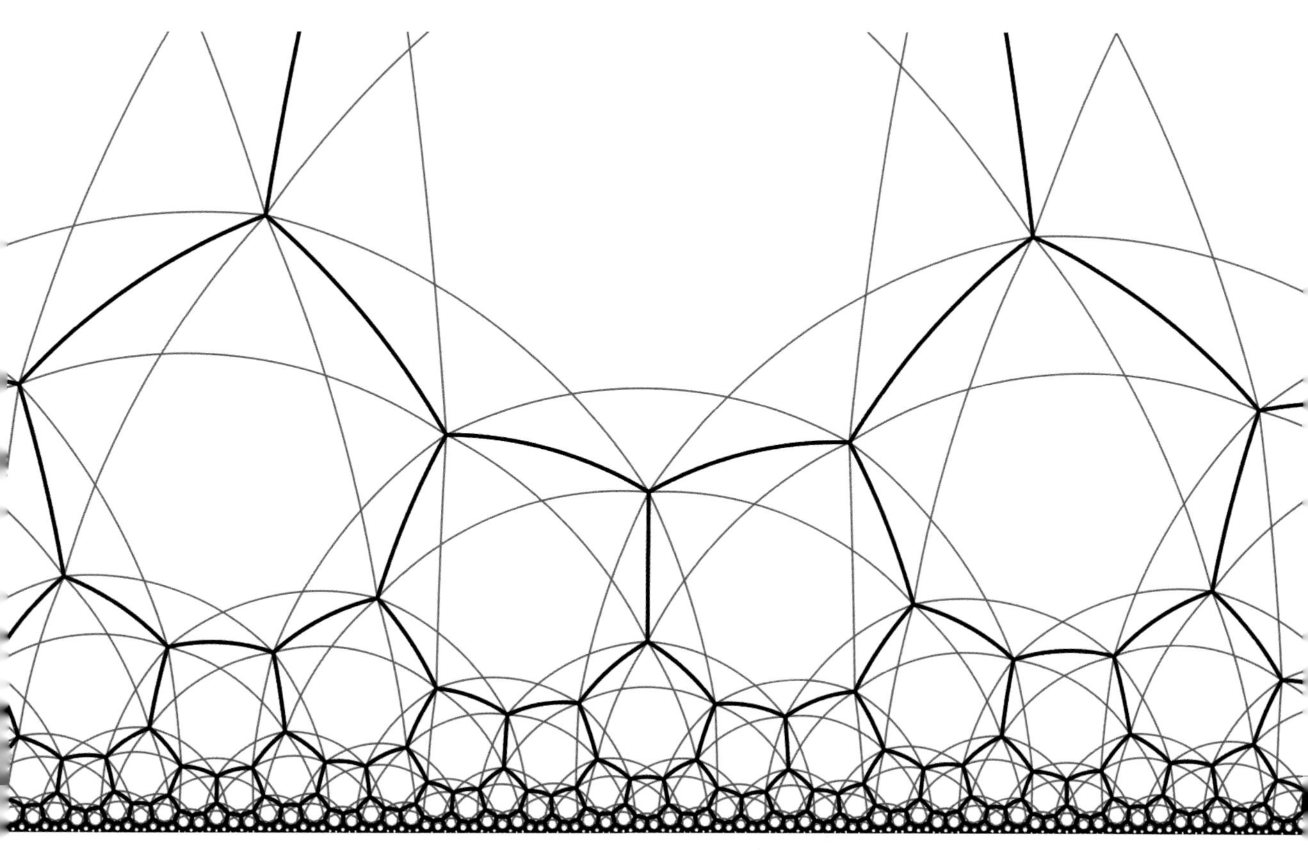

▲ 庞加莱上半平面模型。

世纪法国数学家亨利·庞加莱（Henri Poincaré）命名。

它给了我们一个启示，在双曲平面上的生活应该是什么样的。如果你看着双曲平面的居民四处走动，你会注意到一些特殊之处。一方面，那些粗的弧形路线是测地线，这意味着它们代表点之间的最短距离。而在平面欧几里得空间中，测地线是直线。而在这个模型中，你可能会注意到测地线是弯曲的而不是直的。这个模型不像欧几里得平面那样：距离有不同的测量方法。测地线越是向下，其量度会越来越小，最后会终结在一个具有这种特殊形状的

▲ 庞加莱的碟子模型。

的平面上。

而且，当这个古怪王国的居民们接近底部的边界时，距离似乎发生了变化。那是因为空间本身越来越近——你在泰米娜的钩编曲面的边缘上可以看到。从我们的外部观点来看，他们的尺子似乎会缩小，他们的汽车和任何实物也都会缩小（如果你是这样一个王国的居民，因为时空的扭曲，你不会感觉到任何变化）。事实上，从边缘上面任何一点到边缘的距离都是无限的；由于现实结构的不断扭曲，你永远无法到达边缘。

另一个双曲平面的模型叫作“庞加莱的碟子”模型，它也演示了距离是如何扭曲的，至少我们用欧几里得的观点来看是这样的。上圆盘模型和上半平面模型最初都是由意大利数学家欧金尼奥·贝尔特拉米（Eugenio Beltrami）提出的，他用它们来表现亚诺什·鲍耶等人所描述的非欧几里得几何学，并证明了在这样的空间中，非欧几里得几何学和欧几里得几何学是完全相容的。庞加莱获得了这些模型的命名权，是因为是他的引用使它们出名的。

“庞加莱的碟子”在数学艺术中发挥了重要作用。几何学家唐纳德·科克塞特（Donald Coxeter）在他的几何教科书中用它们来作双曲空间的展示模型。当荷兰艺术家 M.C. 埃舍尔看到它们后，他立即发现了一种使用它们的方法：可以在有限的空间中包含一个无限的世界（在碟子的圆圈极限半径之内）。

这些圆盘模型用纸张来表达的思想与戴娜·泰米娜在绒线中所捕捉到的思想是完全相同的，也就是说，空间可能不是它看起来的那样，而质疑几何学的规则，则可能打破囿于平面视角的限制，揭示出隐藏在平凡视野中的其他世界的无限可能性。

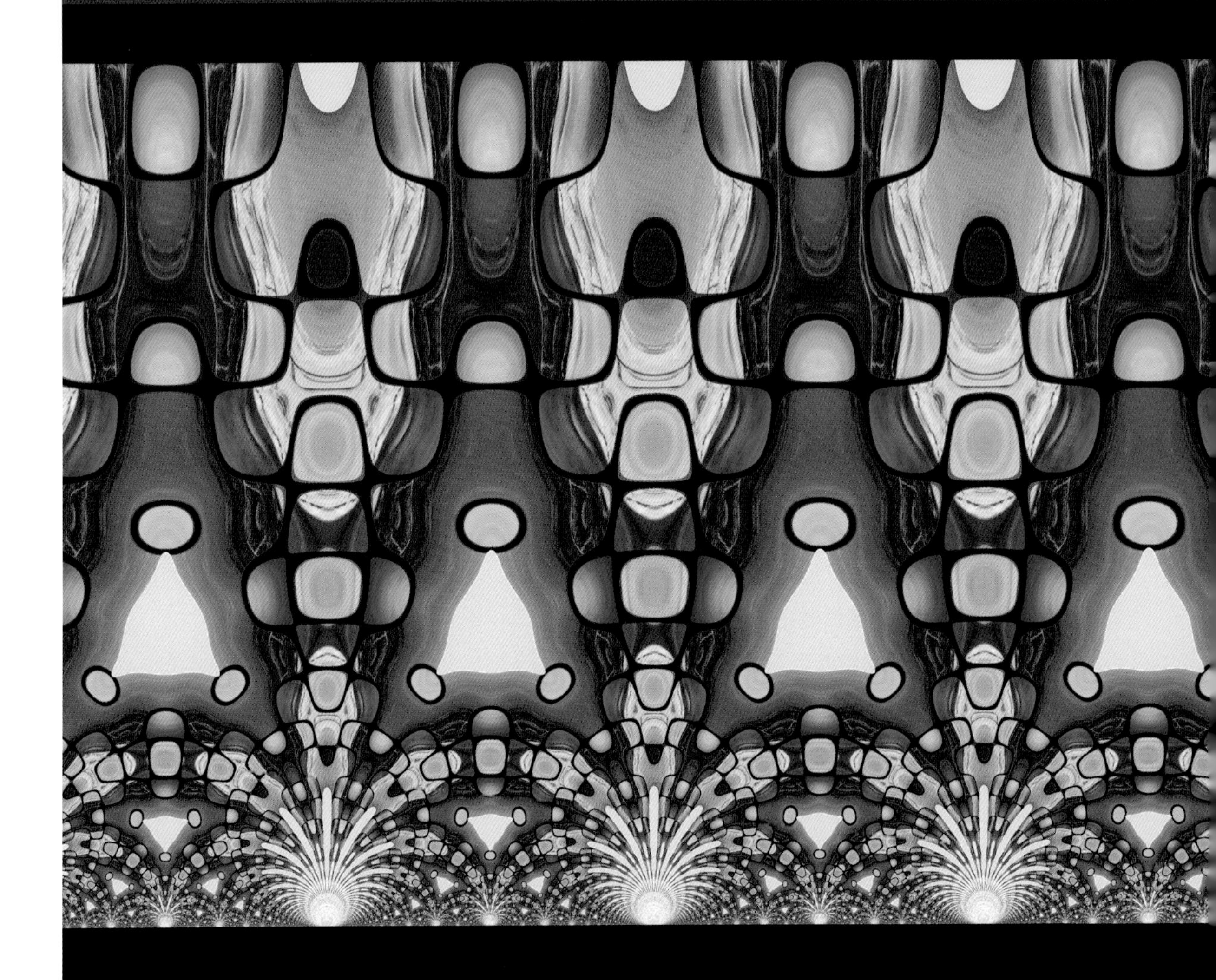

▲《宇宙的尽头的桃子》：弗兰克·法里斯用一张桃子的照片和它的背景来给双曲面世界的壁纸图案上色。

第16章 有界的无穷大

弯曲、断裂或违背欧几里得的第五公设，自然有助于艺术的创意，去描绘我们的世界规则以外的世界。弗兰克・法里斯开始根据非欧几里得几何的规则创作壁纸，但后来都变成了数码图像，这些图像似乎暗示了当不可能的世界发生冲突时会发生什么。他严格遵循几何规则，而正是这些规则，引导着满怀求知欲和创造性的人们进入丰富的新视野。

弗兰克・法里斯

非欧几里得壁纸的创意

弗兰克・法里斯是加利福尼亚州圣克拉拉大学的数学家，他创造了超现实风格的壁纸。我问他为什么。

我们一直在谈论他在数学方面的严格训练是如何引导他思考对称和壁纸设计的，这些壁纸设计通常由一个基本的形状上下、左右重复组成。“我不喜欢我看到的东西，”法里斯回答。所以他自己来做设计。这些设计让他开始思考，如果时空有不同的形状，壁纸会是什么样子。

法里斯开发了一种基于非欧几里得几何学的双曲面壁纸装饰重复图案的制作方法。（有关非欧几里得几何学的更多信息，请参见第 15 章。）要研究壁纸，就必须研究对称性，

“这个空间里有太多的空间。”

——弗兰克·法里斯

这就是图案的数学研究。你可以在自然界中许多地方找到对称的图案，如雪花、海星和晶体结构都呈现对称性。研究对称性的数学家关心的是基本图案可以旋转、移动或反射的所有方式，并使得旋转、移动和反射结束时，图案不会改变。关于对称性的数学研究属于一个叫作“群论”的领域。

20 世纪 90 年代，法里斯教授数学本科课程，当他讲授到“对称群”的基本知识时，他抱怨教科书中的插图没有灵感。数学理论这么美，为什么这些图片这么难看？

群论暗示了一个丰富而复杂的结构，以及一组令人眼花缭乱的对称。群论理论家早就知道壁纸有 17 种，而且只有 17 种不同的数学种类。（参见“艺术背后的数学：不同几何的壁纸”，第 194 页。）但与此同时，他怀疑还有没有其他方式来处理这 17 种图形结构。

这种怀疑激发了他的艺术努力，他一直没有停止探索。从那以后的几十年直到现在，法里斯开发了一种新颖的方法来构造壁纸对称性，使用了来自数学工具箱中的各种工具。2016 年 6 月，他出版了关于这一主题的第一本书《创造对称性：壁纸图案中的巧妙数学》（*Creating Symmetry: The Artful Mathematics of Wallpaper Patterns*）。

他的这本书提供了一个具有数学稳定性的方法指南，指导如何使用数学概念生成壁纸图案的对称性。对页上的那幅画《秋蛾》（*Autumn Moths*）是由一张照片制作而成的。这张照片是法里斯在加利福尼亚州圣何塞旁边的山上徒步旅行时拍摄的。利用这张照片，他创造了一个具有镜像对称性和三重对称性的图案（这意味着你可以旋转它，在三个角度上看到相同的图案）。

法里斯对于制作壁纸还有其他更大胆的想法。对于本章开头那篇引人入胜的作品《宇宙尽头的桃子》（*Peaches to the End of the Universe*），他采用的方法超越了我们习以为常的、每天都在重复的单调的几何学。这个图画是用下面显示的两张小照片，在对称操作下转换成一个用固定负曲率建造的非欧几里得空间。

当他在标题中加上“宇宙尽头”的意思是只是字面上的意思。他并不一定是指我们生

▲ 由弗兰克·法里斯设计的《秋蛾》，是欧几里得壁纸图案设计，具有三重对称。数学家称这种对称性为p31m。此图案是用法里斯在加利福尼亚州圣何塞的山上徒步旅行时拍摄的照片所生成的。

▲《菲洛利艺术节》，这是由弗兰克·法里斯想象的景观，非欧几里得几何中的几种形体闲适地漂浮在现实世界里。

活的宇宙，而指的是图片中显示的非欧几里得的现实世界。

大多数时候，当我们想到几何学时，指的是欧几里得几何学，它告诉我们，如果空间是平的，那么这些规则一定成立。对于我们大多数的目的来说，这些规则在现实世界是真实而有效的。

数学家们已经提出了许多在普通二维曲面上表示“双曲几何学”的方法，这些方法在前一章中有介绍。正如埃舍尔指出，其中许多都在有限的空间里包含了无限的世界。想象一下你生活在一个平坦的圆圈里，但是当你接近圆圈的边缘时，你的尺子就会缩小。你靠边缘越近，你的脚步就变得越小，这样，你到那个圆圈边缘的距离永远是无限远的。（或者，在另一个思维实验中，想象一下俯视一个有无限高的边的碗。从上面往下看，从中心到边缘的

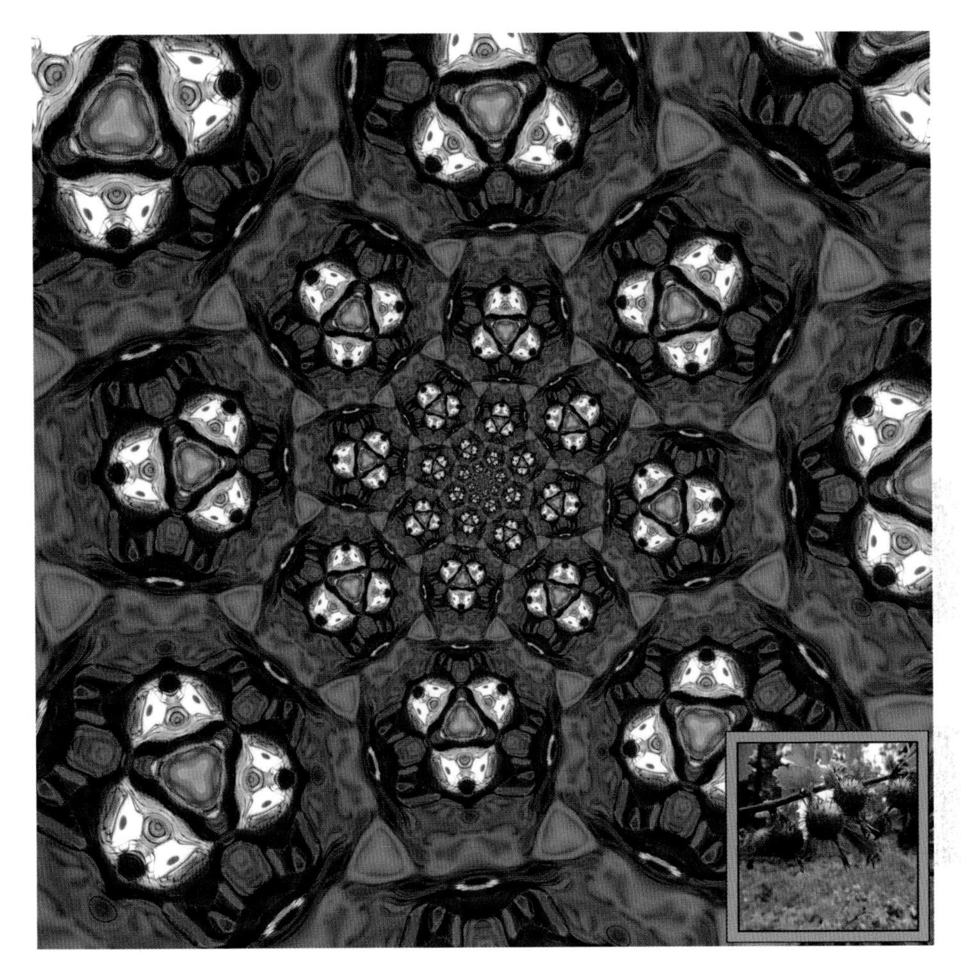

▲ 在由弗兰克·法里斯制作的《鹅莓 / 斐波纳契螺旋》中，一个具有三重对称性的图案在平面上缠绕而出，从而形成了一个斐波纳契螺旋。

距离是有限的。但是对于从碗中心到边缘的人来说，旅程则是无限的，需要不断攀爬。）

在法里斯的奇怪的壁纸里，有限的空间里包含着无限的世界。双曲空间中的奇异物体嵌入了欧氏空间，令人惊叹。在第 188 页你可以看到桃子的图案不断重复。当你接近图片的底部时，同样的图案会越来越频繁地重复，越来越密集。其效果就像桃子的游行队伍，它们无穷无尽，越靠近底边就越小，在极微小的空间中表现了一个无限的世界。他告诉我说："这个空间里有太多的空间。"

为了涵盖这三种基本的几何学，法里斯也将他的艺术范围扩展到球体，从柏拉图多面体的对称性中创造出图案。最近，他将他的作品加入虚拟现实环境中。他说，他的工作背后的数学基础在 19 世纪就已经很成熟了，但是他用这些数学思想所做的事情显然是一种 21

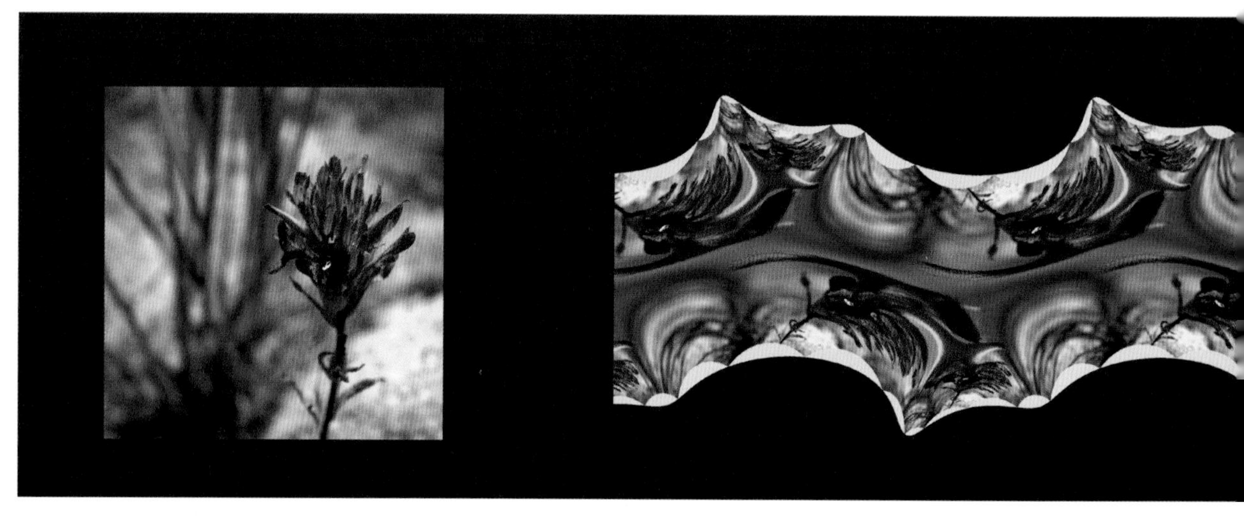

▲ 弗兰克·法里斯制作的墙壁顶部的装饰带。其中表现了平移和非欧空间的反射对称性，它是通过图案的翻转和滑动来创建的。

世纪的产物。他说："虚拟环境中到处都有为表面贴图的需求。"

2018 年 1 月，法里斯在圣地亚哥举行的数学联合会年度会议上获得了 2018 年数学艺术奖中的最佳摄影、绘画或版画奖。法里斯的获奖作品如上页插图所示，名为《鹅莓 / 斐波纳契螺旋》（*Gooseberry/ Fibonacci Spiral*）。

艺术背后的数学：不同几何的壁纸

维度和设计

壁纸的数学研究？是的！这件事可以追溯到 19 世纪初，一个叫作"群论"的数学分支的出现。而所谓的"群论之父"之一的却是一位性急的小青年，名叫埃瓦里斯特·伽罗瓦（Évariste Galois，1811—1832），其对数学的热情与推翻法国的君主制的热情一样高涨。伽罗瓦的故事是颇具戏剧性（但已被数学史专家们多次修饰）：他才华横溢，把数学的世界

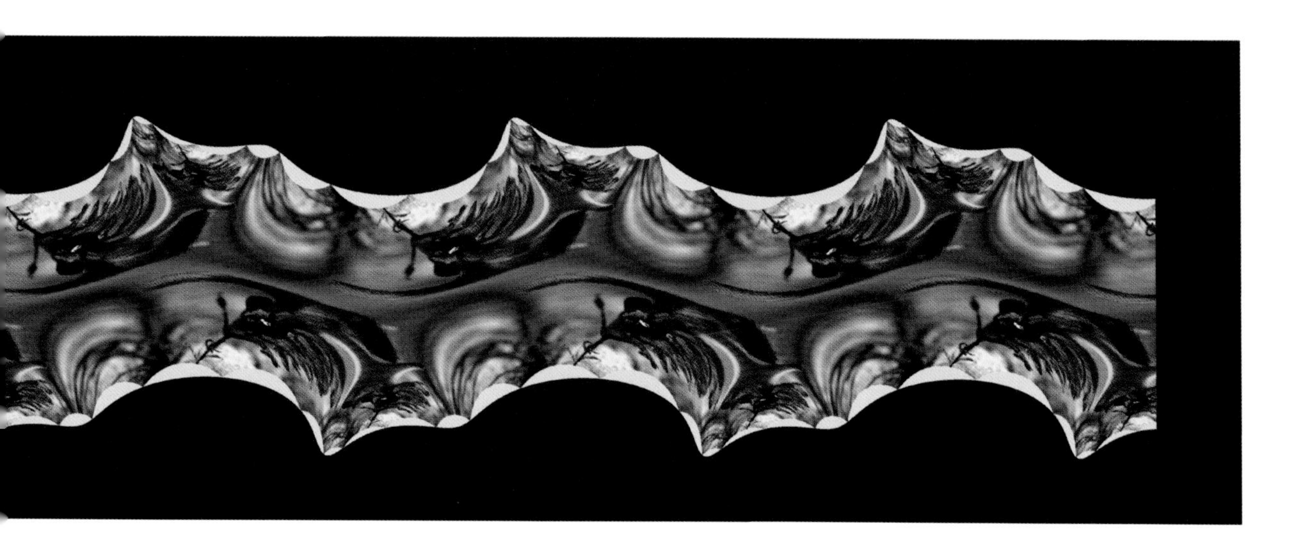

颠倒了过来；他爱上了错误的女人，20 岁就死于黎明时一次与情敌的决斗中。（有关伽罗瓦的更多信息，请参见第 209 页。）

伽罗瓦在青年时就推动建立了“群论”这一新的数学领域，其中包括对称性的数学研究。这些研究人员想知道：如何对同一个图形通过最基本的滑动、移位、扭曲或倒置变换后，得到的图案与开始时一模一样？就像数学中的许多思想一样，群论中的对称性理论领先于它的时代。在发现其实用价值之前，人们只是抽象地研究群论和对称理论。但到 20 世纪中期，它产生了许多其他的有用分支学科。（有关“群论”的更多信息，请参见“艺术背后的数学：群论”，第 206 页。）

但这和壁纸有什么关系？还是让我们先来给壁纸作定义吧。什么，数学家还要定义像壁纸那样的东西？是的，数学上将“壁纸”定义为：一种在两个独立方向上重复的二维图案。数学上问题是：有多少种类型的壁纸？答案来自俄罗斯数学家、矿物学家和晶体学家 E. S. 费多罗夫（E. S. Fedorov, 1853—1919），他发现壁纸只能有 17 种不同类型的对称，而这些对称形成了自己明确定义的群。

你不是群论专家也能欣赏壁纸。（你可以自己动手。从一个图案开始，添加颜色，然后边对边，上对下重复。你可以把图案刻成一个马铃薯或一块木头，或者染上墨水，做上你喜欢的标记。）这 17 种基本的壁纸图案被称为“平面对称群”，它们代表了所有你可以完全覆盖二维平面的图形。

壁纸图案遵循简单的规则。它们无穷地重复。你可以将它们对一条线（称为轴）作“反射”。或者将它们水平地或垂直地移动，它们看起来与它们的起始方式相同，这种方式叫作“平移”。“旋转”也是一种对称性，这意味着你可以旋转图案，当你完成旋转时，它看起来和原来是一样的。

这些操作也可以组合进行，比如先反射，然后平移。世界上研究壁纸图案最好的地方之一是在阿尔罕布拉，一个在西班牙南部的古代军事要塞。它在下一章中扮演了重要角色。阿尔罕布拉的墙壁上装饰着重复的壁纸图案，几十年来，数学家们一直在争论，17 种基本对称图案中到底有多少出现在那里的墙壁上。

1944 年，瑞士苏黎世大学的数学家伊迪思·穆勒（Edith Müller）发表了他的博士论文，论文中称他在阿尔罕布拉迷人的图案中发现了 17 种对称中的 11 种。而马德里大学的西班牙拓扑学家乔斯·玛丽亚·蒙特西诺（José Maria Montesinos）在 1987 年出版的书中争辩说，你可以在阿尔罕布拉找到所有 17 种对称图案，而穆勒漏掉了好几种。（蒙特西诺也不是第一个说所有 17 种图案都能在墙上找到的人。）

在 2006 年《美国数学会通告》中发表的一篇论文中，华盛顿大学的数学家布兰科·格林鲍姆（Branko Grünbaum）指出蒙特西诺的论点不严谨。确实你可以找到所有的 17 种对称图案，但是你得用黑白的方式观看那些壁画照片。但壁画本身并不是黑白图案，而是彩色的。格林鲍姆认为，对称性必须包括颜色。此外他还认为，要想找到一些缺失的对称图案，你不能做只拿黑白图形来研究，如你假设所有的壁砖都是完全相同的颜色，这类似于作弊！

数学家们将壁纸的图案这样分类：最简单的一组叫作 p1，从正方形或正六边形之类的形状开始时，然后在上下重复，左右重复。这个组只有平移，没有其他对称性。

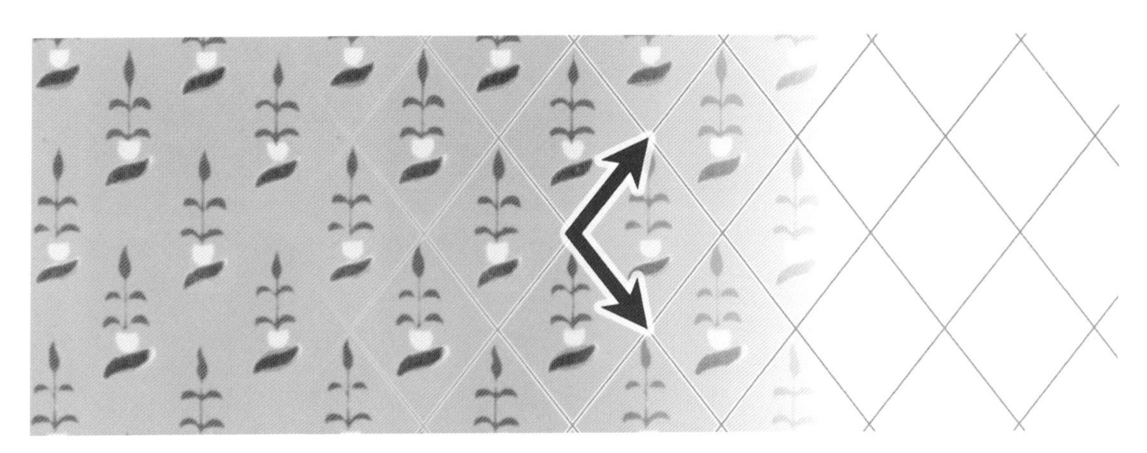

▲ p1 组壁纸的例子。

p2 组具有两个旋转。也就是说，从某个形状开始，将其旋转一个固定的角度，并将旋转后的形状放置在原始形状的上方或旁边。你的原始形状加上旋转后的克隆体，就是你的新壁纸图案。

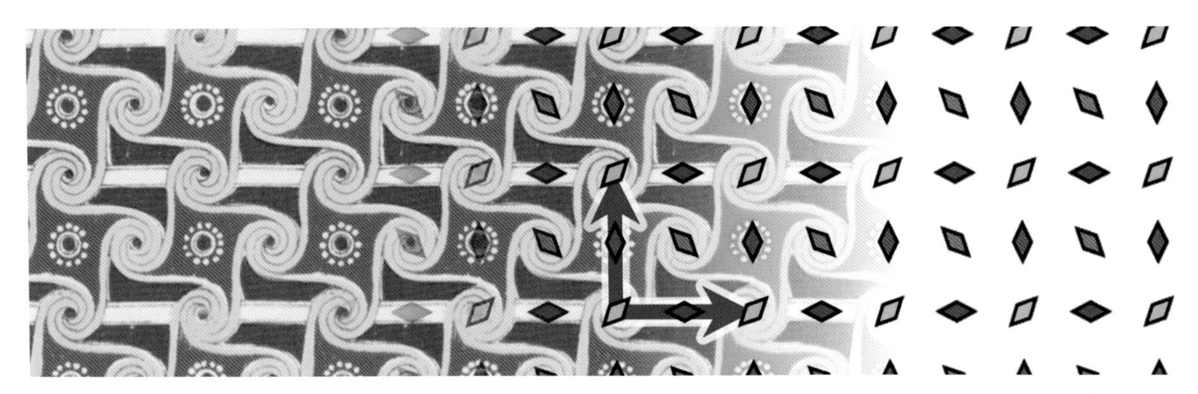

▲ p2 组壁纸的例子。

掌握它的诀窍了？太棒了。下面是第三个例子 pm，它只涉及反射，所有反射的对称轴都是平行的。请注意这些线可以是水平的、竖直的或对角的。

▲ pm 组壁纸的例子。

下面是其余的壁纸图案，用它们的名字可以排列成一个方便的表。

4. pg

5. cm

6. pmm

7. pmg

8. pgg

9. cmm

10. p4

11. p4m

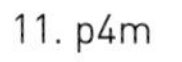

12. p4g

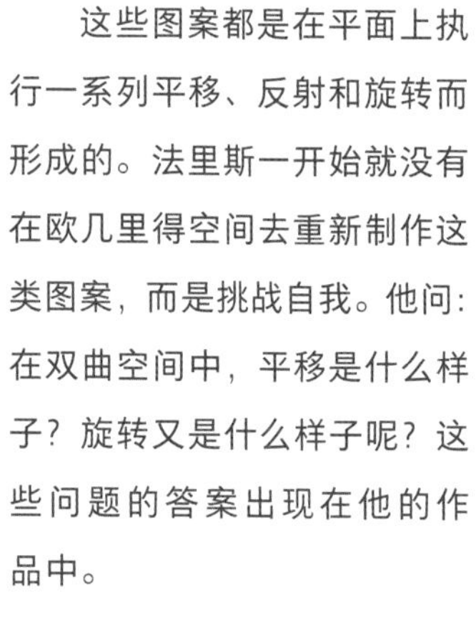

这些图案都是在平面上执行一系列平移、反射和旋转而形成的。法里斯一开始就没有在欧几里得空间去重新制作这类图案，而是挑战自我。他问：在双曲空间中，平移是什么样子？旋转又是什么样子呢？这些问题的答案出现在他的作品中。

不同的是，平移可能在水平上重复，但如果在垂直方向上重复则会变大或变小。图案不能在直线上反射，它们必须在曲线上翻转。

由此产生的设计既挑战了传统的壁纸概念，也提供了关于家居装饰的新思路。

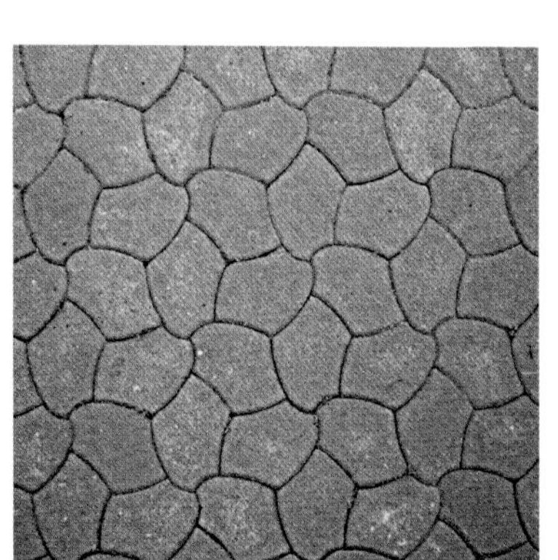

13. p3

14. p3m1

15. p31m

16. p6

17. p6m

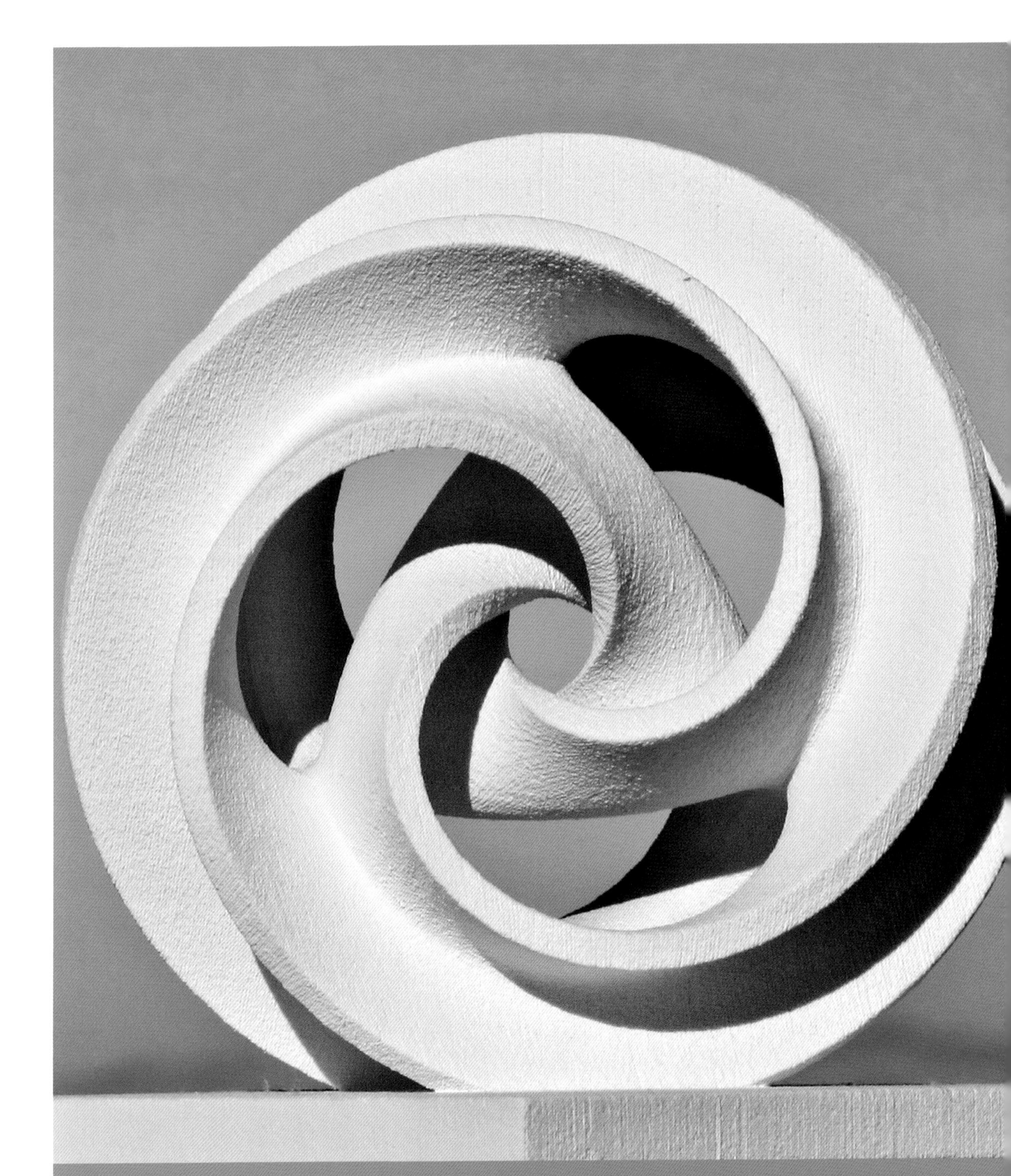

▲ 由卡洛·塞奎因、斯坦·瓦格、丹·施瓦尔贝、布伦特·柯林斯和史蒂夫·莱因穆斯制作的雪雕《旋转白色网》，在科罗拉多州布雷肯里奇举行的 2003 年国际雪雕锦标赛中获得第二名。

第17章 连通

卡洛·塞奎因从纽结形状、极小曲面和柏拉图多面体等一系列想法中汲取灵感。除了制作数百件作品外，他还编写了设计软件，将令人愉悦和困惑的曲面展现在三维空间里。他还与其他雕刻家和艺术家合作，将由金属丝网状结构制成的雕塑模型转换成计算机代码和3D 印刷艺术。

卡洛·塞奎因

如果……会发生什么？

科罗拉多州的布雷肯里奇最著名的是世界级的滑雪圣地（连夏季也有令人兴奋的阿尔卑斯高山滑道）。1990 年以来，它每年都举办国际雪雕比赛。每个参赛队可以使用 20 吨整块的压缩雪，只用凿子和铲子，不允许用链锯，充分发挥自己的创造力，选题的范围从异想天开的创意到抽象的数学模型。

在 2003 年的比赛过程中，加州大学伯克利分校的计算机科学家卡洛·塞奎因的情绪就像过山车一样波澜起伏。他是被马卡拉斯特学院的数学家斯坦·瓦根（Stan Wagon）招募的，瓦根多年来一直在组织数学雪雕团队。小组成员还包括来自密苏里州高尔市的布伦特·柯林斯（Brent Collins），他经常是塞奎因的合作者，擅长把数学构思转化为木材

◀ 这张计算机生成的图像是《旋转白色网》的基础。

和金属雕塑；还有史蒂夫·雷穆特（Steve Reinmuth），他在俄勒冈州有一家铸造厂，常铸造柯林斯的作品；以及丹·施瓦尔贝（Dan Schwalbe），一位来自明尼阿波利斯的软件工程师。

“我们五人有五天时间，”塞奎因说。他们的项目名为《旋转白色网》（见第 200 页），塞奎因与柯林斯一起使用了一款名叫“雕塑生成器–I”的软件设计了这个模型，这款软件也是塞奎因开发的。

他们通过扭曲和改变一种著名的舍尔克“第二极小曲面”的数学形式获得了最后的模型，这种曲面通常被描绘成一种由弯曲的薄板组成的塔，带有一个通过垂直方向的隧道。

塞奎因在学校讲授计算机图形学和计算机辅助设计课程，但在数学艺术界，他以创作数百件作品而闻名，这些作品常因表现了高维空间的扭曲表面而令人产生头晕目眩的感觉。他用纸、金属和塑料制作了一个名副其实的雕塑作品家族。不过这次的版本是雪雕，这款 12 英尺高的雪雕看起来有点像千层面裹成的大圆圈。他们的第一步是把雪块塑造成一个大圆环——这个数学名词表示甜甜圈形状，中间有一条小隧道。

他们在雪地上忙碌了五天，用带锋利锯齿的小铲子雕刻作品。

塞奎因回忆说，评奖那天非常壮观。尽管天气很冷，但成千上万的人挤在周围，评委们匿名地躲在人群中给出分数。数学艺术家们对他们创造的作品感到满意。

“我们去了附近的一家餐馆，”他说。后来传来了一个坏消息：他们的雕塑只竖立了两个多小时，在评分后 45 分钟就垮掉了。他说：“我们心都碎了。”

▲ 雪雕《分裂的结》，更多的数学，更多的雪：卡洛・塞奎因、斯坦・瓦根、约翰・沙利文、丹・施瓦尔贝和里奇・瑟利制作的三重扭曲的莫比乌斯带。

“尽管如此，他们还是给了我们一枚银牌。”当天的照片显示，参赛五人组站在一堆破雪上，手里拿着绿色的小模型，胸前挂着奖章。

晚上喝了几杯啤酒后，他们想出了明年的主意。塞奎因说：“我们要把雪球的内部翻出来！”因此在2004年，他们雕刻了一个莫林曲面，这是一种数学模型，描述了当你把球面向外翻转到一半的时候的样子。他花了三个月的时间把这个想法变成了模型，第二年他们又去了布雷肯里奇参赛，根据模型制作了雪雕。他说，雪雕并不完全像模型。“它有点不对称，还有点粗糙。”（尽管如此，在2004年的比赛中，数学家们还是因为他们的努力获得了一瓶香槟。）

第三年，塞奎因和他的合作者——斯坦·瓦根，约翰·沙利文，丹·施瓦尔贝和里奇·瑟利——制作了第203页所示的雕塑《分裂的结》（*Knot Divided*）。它产生于一个简单的问题：把一条丝带打成一个简单的反手结，然后沿着丝带中心线剪开，会发生什么？试验表明，在某些条件下会得到一个更细更大的丝带结，而不是得到两个分开的结。

这个雪雕看起来很眼熟，因为它描绘了一条莫比乌斯带——这是一种神奇的曲面，只有一个面和一条边的曲面。你可以取一条长的丝带，把它的一端扭转半圈后和另一端粘起来。如果你用手指沿着边缘向前运动，你将摸遍整个所有的两边，然后回到你的起点。

如果你把那条丝带转了三个半圈后粘起来，然后把它从中间分开，你就会得到一个三叶结，或者说反手结，它描述的就是雪雕作品《分裂的结》的形状。

这一年，这座雕塑没有为该队赢得奖品。然而这确实是塞奎因典型的艺术过程。他有一种惯用的艺术手法。（他用各种材料做成相同的形状。）他有一个艺术上的习惯，从一种众所周知的形体、曲面或想法开始，然后去扭曲它，卷绕它，改变它，并看看会发生什么。他用各种材料——纸、塑料、青铜或雪——创作了数百件雕塑。并与许多其他数学家和艺术家合作，探索跨学科的问题答案，如果……会发生什么？

“如果我把一个概念改变一下，或者把它扩张一下，会发生什么？”塞奎因问。例如，他可能会从像布伦特·柯林斯（Brent Collins）或伊娃·希尔德（Eva Hild）等艺术家设想的曲面开始，然后尝试将其修改为一个单向曲面，就像莫比乌斯带，或者是克莱因瓶。

几何学和对称性在塞奎因的作品中扮演着重要的角色。他追溯到他的童年。“我基本上在七年级就迷上几何了。”他说。他在瑞士巴塞尔进了一所侧重数学和科学的高中，他选修了一门必修课程“画法几何课”课程，里面有一个问题，如果一个圆锥体和一个圆环面相交

> “这是一种把数学看作一件伟大的，值得去做的事情的方法。”
>
> ——卡洛·塞奎因

会发生什么？学生们只能用圆规和直尺试图追踪这些交线。“我比我的老师做得好，”塞奎因说。

作为在高中赢得数学竞赛的奖励，塞奎因得到了赫尔曼·韦尔（Hermann Weyl）写的一本书——《对称》（*Symmetry*），这本书虽然是由数学家写的，但描写却很有趣，介绍了在自然界和世界任何地方都能发现对称性。（请参见第206页“艺术背后的数学：群论”。）“不仅仅是几何，而且是对称性吸引了我，”塞奎因说。在亚历山大·考尔德（Alexander Calder）和麦克斯·比尔（Max Bill）等雕塑家的鼓励下，他在高中的业余时间用电线和乒乓球制作了汽车模型。

塞奎因继续学习物理，后来他到了贝尔实验室（Bell Labs），从那里去了加州大学伯克利分校。1984年，他辞去计算机科学部主任一职后，塞奎因开始教授一门名为“创造性几何建模”的课程，在这个课程中，学生们首先在计算机上建立纽结和复杂的多面体的模型，然后用各种不同的材料来制造。他说，这把他引向了创造几何雕塑的不归路。在那之后的几十年里，特别是在21世纪，他与许多其他的数学艺术家合作过。密苏里州的柯林斯一直是他的合作者，他们一起生产出了令人震惊的大型木制品和青铜制品。

虽然塞奎因的雕塑都有数学起源，但它们还需要给人某种视觉上的快感和享受。一旦他在纸上，或用水管道积木*，或者在计算机上捕捉到一个想法，他就会千方百计地摆弄它，直到他在视觉上感觉到“那就是我想要做的”为止。

他说，雕塑这样的艺术提供了一种方式，即使是顽固的数学恐惧症者，都可以从中欣赏到数学是有用而美丽的。“这是一种让讨厌数学的人重新关注数学的方法。”让他们意识到数学结构是自然或人造的许多形状的基础。他说：“这是一种把数学看作一件伟大的，值得去做的事情的方法。”

---

* pipe cleaners，一种幼儿拼装玩具。

艺术背后的数学：群论

黎明的决斗和对称的数学

对称性：当你看到它的时候你就明白是什么意思了。数学家赫尔曼·韦尔在 1938 年出版的一本优雅的小书《对称》中指出，我们至少有两种使用这个词的方法。首先我们在日常中用它作为和谐的同义词，用一种令人愉快的方式将许多不同的片段聚集在一起形成一个聚合的整体。它的意思是匀称而平衡的。让人趋于美好。在亚里士多德的《尼各马可伦理学》中，对称是一种良好行为的用户指南，鞭策我们努力追求中庸立场，远离极端。一杯酒可能不会伤害你，一天一瓶就能腌坏你的肝脏，损害你的健康。

另一个意义是数学家使用它的方式。它更加具体而明确。对称指的是改变形状的某种方式，在操作结束和开始时看起来是一样的。这些变换可以包括移动、绕一个点旋转或对一条线反射。比如一个禁止标志的图案 * 可以关于 16 条穿过中心的不同直线对称。

在这个意义上，人体的外观是对称的：可以沿着我们身体的垂直中心线，把我们从中间折叠起来（至少从外观上，或多或少是这样的）。

飘落的雪花和旋转立方体

我们可以数一数对称的种数。理想的雪花，没有瑕疵，非自然的，也许是用纸张雕刻出来的，呈六边形，它有 12 种对称（请注意，实际的，可触摸到的雪花可能是不完全对称的）。其中 6 种是旋转对称，这意味着你可以通过六个不同的角度旋转它。在你的旋转结束之后得到的雪花，看上去和你刚开始的那个一模一样。还有 6 种反射对称，这意味着你可以画 6 条线穿过雪花，每条线把它分成两个完全相同的部分。

你可以对一个正方形做 8 种不同的操作，让它看起来和原来一样。你可以不动它，也可以旋转 90 度，180 度或 270 度。你还可以沿两条对角线，或对边中点的连线（也有两

* 一个圆圈里面有一个叉。

▲ 旋转对称。

▲ 反射对称。

条）把它翻过来。对于等边三角形，则有六种不同的对称。对于一个圆，旋转对称有无穷多种。

正多边形，即所有边和角都相等的二维几何图形，其对称种类的总数等于边数的两倍。（这是给你的专业提示。如果你参加一个数学派对，有人开始喋喋不休地谈论正九边形有 18 种对称性时，你可以淡然一笑。）

三维空间中的一个立方体有 24 种旋转对称，这意味着你可以用 24 种不同的方式旋转它，并且保持它的外观不变。另外还有 24 种对称，它们是一些旋转和反射的组合。这意味着立方体有 48 种完全不同的对称性。数学家说它的对称阶是 48，或者说它具有 48 阶对称。

数一数群的成员

对称性的数学研究属于群论的范畴。“群”的定义相当模糊——它是一些通过数学运算相互联系的对象的集合。运算可以是加法或乘法，也可以是旋转或平移。但如果你对这个群的任何成员执行运算，你得到的一定也是这个群的成员。

在数学中，在加法运算下，所有正数的集合就是一个群。如果你把两个正数加在一起，你会得到另一个正数。对称性很自然地形成群。回到我们的雪花例子：旋转 60 度（或 120 度、180 度、240 度或 300 度），雪花看起来没有变化。所有这些旋转组成一个群。你也可以通过组合运算，比如旋转和反射雪花，来建立一个群。

雪花和禁止标志是很好的例子，但是群论理论家对具体的例子不感兴趣，他们感兴趣的是研究各种不同类型的群，它们之间有什么关系，以及如何找到更多的群。一个群可以包含三维以上的对象的各种对称性，它们可以具有四个、五个或更多的维度。超立方体或者说四维立方体，很难画出来，但你可以证明它有 384 种对称性。

一个群可能包含无限多的成员，就像一个圆的对称群。它是无限的，因为你可以以任何方式旋转或反射一个圆，它看起来都没有变化。一个群也可能是有限的，就像上面列出的立方体和雪花的对称群。如果一个有限的群不能分解成其他的群，它就叫作“有限简单群”。最大有限简单群一点也不简单，它有超过 8×10^{53} 个成员，这很难想象。要知道，它是一个存在于 196 884 维空间的物体的对称群。

对群的探索理解使数学家走上了极其复杂的道路。（对所有有限简单群进行分类的努力就花费了他们 50 多年时间，涉及 500 多篇文章，其中有一个证明长达 15 000 页——很少有人读过，而且只有极少数人能理解。它被恰如其分地称为“巨大定理”。）群论与数学对对称性的探索不仅在研究原子晶体形状的晶体学领域有着广泛的应用，而且在粒子物理和天体物理学等领域也有着广泛的应用。

这门学科的起源却是非常狂放的。它的创始人之一是伽罗瓦，一位脾气暴躁的年轻天才数学家。他用短暂的生命建造了数学学科之间的桥梁，却又烧毁了自己生命的桥梁。他找到了研究高次方程解的创新方式，却也践行了被学校开除的另类方式。他因威胁要杀国王被关进监狱。在他死后，有人称他是殉道者。

在他去世的前一晚，伽罗瓦写了一系列的信件，阐述了他对“群”的一些思想。早上，他应约到了巴黎郊外的一片田野，在那里他要为爱情与情敌进行决斗。他的胃部中了枪，有人说伽罗瓦的枪根本没上膛，也许他从来就没有机会。前一天晚上，他写道：“我死于一个声名狼藉的卖弄风情的女人和她的两个受骗者。”“在一场悲惨的争吵中，我的生命被消灭了。噢！为什么要为如此琐碎的事情而死，为如此卑劣的事情而死！原谅那些杀害我的人，他们是真诚的。”

伽罗瓦虽然没有发明“群论”，但他推动了主流数学的发展。从那以后，群论发展成为一门既严谨又美丽的学科，它揭示了对称产生的美的数学基础。群论在伽罗瓦时代是一场革命，而现在已经成为物理学家的标准，群论在粒子物理学等许多领域发挥了核心作用。

它还为我们提供了一种词汇和语言，可以用来更好地研究和理解像塞奎因这样的艺术家所创造的许多形状。他的作品把对称推向了极致，引起了人们的思考的研究。它们变化的形式和弯曲的表面告诉人们，数学思想的存在不仅是基本的，而且是有趣的。

▲ 比昂・杰斯佩森在一整块山毛榉上雕刻的甲虫。

第18章 数学与魔法木雕

木雕是一种雕塑，从物理角度说，它是对实体做减法。左图表现的是比昂·杰斯佩森的作品，他将一块木头视为一种挑战：怎样才能从中创造出什么东西呢？这个过程有时令人沮丧，却也有着迷人的吸引力。

比昂·杰斯佩森

难以置信的形状

2010年，丹麦木刻师比昂·杰斯佩森写道："魔术师能做一些你认为不可能的事情，可以让你不相信自己的眼睛。"那个魔术师不一定要在舞台上，他只需要一块木头和一把刻刀。

杰斯佩森认为自己是一个"神奇的木刻者"。对于他来说，让人不相信也是一种追求：他希望人们看到、把玩和摆弄他的木雕时，但仍然不相信它们。"与其说我是数学家或艺术家，不如说我是个魔术师。"

在对页上展示的作品，《圣甲虫》（*Scarabs*）是被杰斯佩森称为"魔法球"系列的最新作品。甲虫呈黑色，它们的腿、身体和触角互相交错，在褪色的山毛榉木头表面上爬行。图片没有显示出魔法球最显著的特征：如果你把它握在手中，很快就会意识到每个甲虫都是活动的。杰斯佩森创作了一系列类似的球体，每个球体都是由交错在一起的部件组成，但是它们不能在不破坏整体的情况下分开。同时，它们也不是一个智力玩具。如果不掰断木头，它们就不能被拆散。

杰斯佩森雕刻这些甲虫用的是一整块木头。这些小动物可以摆动：它们没有完全固定，实际上是分开的。让甲虫松动需要一种新的技能：分离的接口都是径向的，这意味着它们在中心是会碰到一起的。

为此他不得不使用一种手持式的微型锯子，并配上一张伸长的薄锯片。

杰斯佩森在魔法木雕上的经历从他 11 岁时就开始了。那时他的哥哥用木头削制了一把小刀，但刀柄很不寻常。它被刻得像一个小笼子。装饰着一些橡子和橡树叶。有一颗橡子被关在小笼子里面，是活动的，但又不会掉出来。虽然它一开始看上去里面的橡子可以从笼子里取出，但杰斯佩森很快就明白了。不破坏笼子是不可能取出橡子的。笼子本身和关在里面的橡子必须用同一块几立方英寸的木材同时雕刻出来。

他回忆道："我梦想有一天我也会做这样的事情，那就太棒了。"

杰斯佩森 17 岁就开始认真地雕刻，一直没有停止。（他说，在一些国家，他的作品被称为"流浪汉艺术"或"街头艺术"。）他最初的作品之一是两个被困在笼子里的球；这是一个经典的，也是新木雕爱好者的热门选择。

杰斯佩森上过一所建筑学校，学习过几何学和柏拉图多面体。但是建筑学没有坚持下来，他又来到大学学习数学，但他感到这也不对。"我接受的有点像半吊子教育，"他在 2016 年《数学杂志》的采访中开玩笑说。他还是想用手工作。他现在为建筑师和博物馆工作，用他的双手和技能制作展品。

"与其说我是数学家或艺术家，不如说我是个魔术师。"

——比昂・杰斯佩森

"很多人在他们的工作中发现了自己的身份，但这对我来说从来没有这样的情况，"杰斯佩森说。"我有谋生的工作要做，但我觉得我的身份与木雕关系更密切。"

▲ 如果不破坏笼子或木球，木球就不能从笼子里取出来，这是杰斯佩森“魔法木雕”的一个例子。

杰斯佩森几乎用了毕生的精力，去放飞自己的灵感来推动他的雕刻艺术超越传统设计。“我不想老是在笼子的框架里关一个什么东西，我想要做一些更有趣的东西。”他早期干过的一份工作使他接触到一家博物馆，这家博物馆以伊斯兰艺术而闻名，经常收藏一些镶嵌的图案，这些重复的图案能完全覆盖一个平面。在另一家博物馆，他看到了一些精心制作的神奇木雕展品：木头链子，一对木勺由一根木链连接在一起。他回到家中，将这个创意加以演变，用到他自己的作品中。

这些年来，杰斯佩森已经变得非常熟悉古典几何和柏拉图多面体。这不是通过学习和证明欧几里得而学到的几何学，而是一种手工几何学，这来自花费大量时间去盯着一块木头，去构思隐藏在里面的对称性。他说：“我的耐心是相当不寻常的。我的许多项目已经等了好多好多年了，因为我既没有时间，也没有合适的木头。”一个复杂的项目可能需要三个月稳定的工作时间。

杰斯佩森说，他的很大一部分工作是让自己的思想尽可能地开放，让创意成熟时降临在他的身上。而雕刻对他来说就是一种冥想，他可以一次连续几个小时不间断地工作。他说，灵感往往会在不经意间闪现出来。

杰斯佩森和他的魔法木雕已经流传到世界各地，受到数学艺术家和木刻师们的钦佩和赞赏。他现在已经 70 多岁了，他的令人钦佩的作品也一直积累和发展到现在。他写了几篇论文描述了他的木雕几何学方法，以及他追求的那种可以分解成两个或更多独立部分，但又不能分开的连锁交错的形状，因为分开就意味着弄坏木头。他的作品与柏拉图多面体以及由它们变异扩充而成的形体有着共同的对称性。他探索和记录了这些对称性，并试图将它们分类。

艺术背后的数学：镶嵌

几何奇观和西班牙之旅

1922 年，荷兰艺术家莫里茨・科内利斯・埃舍尔（Maurits Cornelis Escher）参观了阿尔罕布拉，这是一座红色石头建筑的宫殿和堡垒，俯瞰西班牙南部安达卢西亚省的城市格拉纳达。它的边界犬牙交错，你必须爬上陡峭的城墙才能到达，这里通常挤满了游客，在周围的小巷和商店里，你可以买到象棋、木箱和其他小饰品。它们常常带有数学设计的珍珠母镶嵌装饰。

阿尔罕布拉建于 13 世纪，是由纳斯里德王朝的创始人穆罕默德・本・艾哈马（Mohammed ben Al-Hamar）在前罗马要塞的废墟上建造的，这是最后一个统治欧洲西部的伊斯兰王朝。纳斯里德人于 1492 年被迫离开，阿拉贡和卡斯蒂利亚的国王和女王，斐迪南和伊莎贝拉夫妇搬了进来。

阿尔罕布拉是一个几何学的奇境。五颜六色的墙砖，排列成重复的图案，覆盖着画廊、大厅和庭院的墙壁。它们是典型的伊斯兰艺术，严格禁止直接显示来自天堂或人间的可识别人物的形象。这些墙砖采用的是镶嵌艺术，这是一种重复的图案模式，它们从左到右，从下向上重复又重复。完全没有空隙，直到它们完全覆盖整个区域。

（如果你认为这种描述听起来像是在说壁纸，那你并不孤独。数学家们已经证明，只有 17 种不同类型的壁纸，他们为在阿尔罕布拉发现了多少种壁纸而争论不休。有关壁纸和几何学家的内斗的更多信息，请参阅“艺术背后的数学：不同几何的壁纸”，在第 194—196 页。）

我们想象一下：这位 24 岁的艺术家埃舍尔仔细研究墙壁，小心翼翼地将镶嵌设计复制到他的日记中。14 年后他又回来了，这一次旅行被历史学家认为是他生命中决定性的转折之旅。从此可以说埃舍尔的艺术真正进入了深刻的数学领域。

填充空间的规则

在阿尔罕布拉墙壁上的镶嵌图案就是“填充平面”的例子。如果只用一种正多边形来填充的话，那么只有三种正多边形，正方形、正六边形和等边三角形才能填满一个平面。我们称之为“正则镶嵌”。（回忆一下，正多边形是一种二维图形，它所有的边相等，所有的内角相等。）

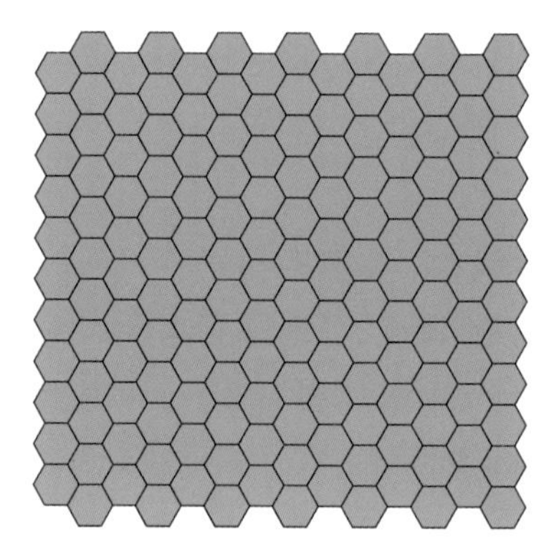

▲ 三种主要的镶嵌类型。

你可以尝试用别的正多边形来填充平面，但很快就会发现必然会有空白或重叠。例如，一个普通的正五边形有五个相等的内角，都是 108 度，而 108 度不能整除 360 度。如果你放宽这个规则，去掉“正”这个字，你就可以改变结果。你可以很容易地用不规则的五边形填充平面，如右图所示：

▲ 五边形镶嵌。

你还可以通过几种正多边形的组合来填充平面；例如，可以使用两种或多种不同的正多边形，那么将会有 8 种方法可以使你的基本图案以相同的方式重复。这些被称为阿基米德镶嵌，或“半正则镶嵌”。

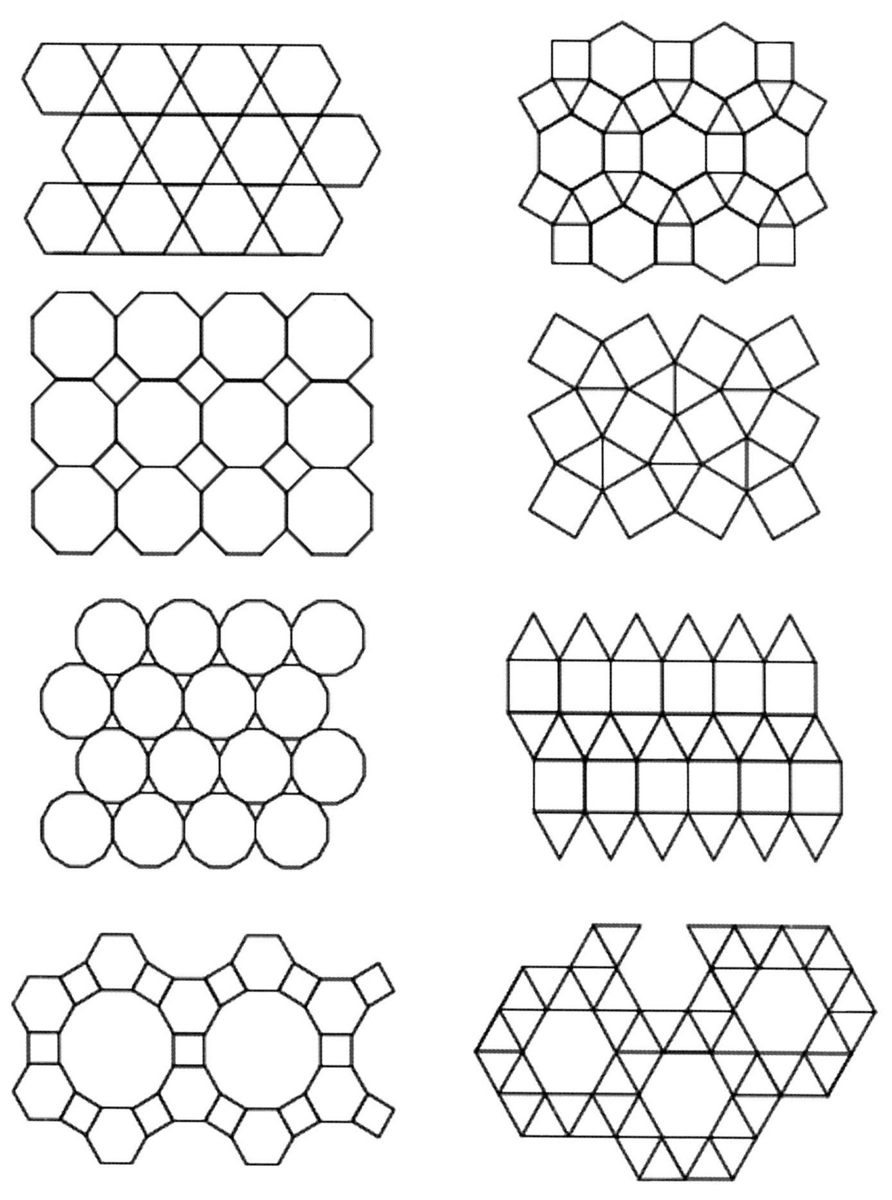

▲ 半正则镶嵌。

你还可以进一步解释和更改规则，从而找到其他可能性。你也可以把你的半正则镶嵌的和三种正多边形的正则镶嵌拼在一起，又会产生一些镶嵌类型。数学家称之为“亚正则镶嵌”。

当然因为这是数学，你还可以在维度上提高。也就是说，不是填充平面，而是用一些形体，去填充一个三维空间区域。唯一能做到这一点的柏拉图多面体就是立方体。但是如果你不光是考虑柏拉图多面体，光是想想，就会复杂得使你发狂。

数学家们艰苦努力，已经发现了各种各样的空间填充多面体，他们甚至试图对所有这些多面体进行分类。不过到目前为止，我们还没有看到分类目录。

蠕动的爬行动物与无限空间

埃舍尔并不关心规则，除了他强加于自己艺术的规则。他没有受过数学家的训练，高中数学考试也不及格。但他有很强的直觉和视觉想象力来掌握几何学的基础，即使他不会说这种数学语言。埃舍尔在他的作品《版画集》的前言中写道：“通过敏锐地面对我们周围的奥秘，思考和分析自己的观察结果，我最终步入了数学家的行列。”

1936 年，在他第二次访问阿尔罕布拉之后，他开始了他的“平面的规则划分”的绘画，这些图纸偏离了他从阿尔罕布拉精心复制的规范而抽象的墙砖图案，他不是用规则的多边形覆盖平面，而是用鸟、鱼、蠕动的爬行动物、骑马的武士、吠叫的狗和狮子之类的动物来创造像复杂的迷宫般的版画。

埃舍尔的画作给这些素材注入了生命，本书中出现的几乎所有的艺术家都声称埃舍尔是自己灵感的来源。1954 年，埃舍尔在阿姆斯特丹举行的国际数学会议（ICM）上发表了演讲，并出席了那年 ICM 在附近的博物馆举办的艺术展的庆典。

唐纳德・科克塞特（Donald Coxeter）是加拿大几何学家中的巨擘，传记作家西沃恩・罗伯茨（Siobhan Roberts）为他写过一篇出色的传记，称赞科克塞特为“无限空间之王”。科克塞特也参加了 ICM 会议，但错过了埃舍尔的讲座。而她的妻子亨德丽娜在博物馆看到了埃舍尔的作品，并提醒了她的丈夫。在科克塞特离开之前，他购买了埃舍尔的版画作品，后来两人建立了友好的通信关系。科克塞特用埃舍尔的版画来为他的几何教科书作插图，1961 年马丁・加德纳在《科学美国人》的文章中谈到了科克塞特的这本书，这本书用了埃舍尔的一幅作品作为封面，于是几乎是在一夜之间，这位荷兰艺术家的作品引发了美国人的狂热。

从那时起，埃舍尔就成了流行艺术的主流人物，风靡一时。重要的是，他的作品展示了镶嵌艺术的美学魅力，可以成为数学和艺术之间的桥梁。在伊斯兰艺术中，镶嵌展现了几何学和对称的思想，最重要的是，展现了造物主创造的无穷无尽的自然界。千百年来镶嵌艺术一直激励着艺术家。

对于比昂・杰斯佩森来说，镶嵌不仅是一种覆盖平面的方式，也可以覆盖他雕刻的圆球表面。杰斯佩森推崇的那种松动而不可分离的木雕形式就是一种协调的定义：它们的含义比甲虫本身重要得多。

▲ 阿尔罕布拉墙砖的细节。

▲ 相反：仔细看看伊娃·诺尔在 3-1-1-3 的斜纹上产生的 7-8 干涉图案，你就可以看到似乎漂浮在织物上方的几何图形，这是由诺尔的数学方法产生的艺术幻觉。

第19章 可能性

从艺术的角度来研究数学的人往往倾向于严格地考查它的美学价值，就像那些在学习了数学后才发现艺术的人，总是爱去观察艺术中的结构和对称性一样。这本书中的许多艺术家，从约翰·西姆斯到乔治·哈特，到伊娃·诺尔，他们的作品都在本书中展示，他们也学会了用数学艺术来指导学生，让他们对这两门学科都有丰富的体验。但在某些方面来说，这不是自然选择的结果，或者说，是冒险让学生同时接受这两个学科的知识，并等待看会发生什么。伊娃·诺尔使用过各种材料创作作品，但她的作品经常返回到通过重复和演化方法产生的视觉模式。

住在加拿大新斯科舍的伊娃·诺尔声称自己是一个涂鸦者。她一辈子对此痴迷不已。她说，有些孩子，当他们想要画他们的朋友、老师或他们周围的其他物品的时候，一般会使用写实艺术的手法，而诺尔却不是这样：她画的形象总是抽象的，尽管它们会变得越来越复杂。她不懂数学，直到老了她也没搞懂。但在学校里，她曾在工程师们使用的格子纸上画来画去，发现用正方形可以完全覆盖了这一页纸，这件事让她感到入迷。

> “如果我设计了一个需要几何思维的图案，我就会发现数学在哪里。”
>
> ——伊娃·诺尔

“我开始产生了兴趣：什么形状的瓷砖能够进行镶嵌？这里面有什么规则？”诺尔回忆道。为什么只有一些形状的瓷砖进行镶嵌时不会留下空隙？（完全覆盖平面而不会留下空隙的图案，我们称为镶嵌；有关镶嵌的更多信息，请参见“艺术背后的数学：镶嵌”，第215页。）她说：“直到很久以后，我才开始与数学建立联系。当时我一下问了很多需要数学来回答的问题。”

对于诺尔来说，代数、几何学和其他数学科目与她最感兴趣的抽象涂鸦和填充平面有着自然的对应关系。她不断追问她原先遇到的各种关于图形之间的关系问题。而且当她在学习数学规则的同时，她也学会了尖锐地提出问题。她说，当你没有真正意识到你想知道的东西是什么以前，数学和艺术这两个领域都包含着涂鸦艺术。她引用美国著名女作家马德琳·英格（Madeleine L'Engle）的话说：“好的问题比答案更重要。”

诺尔在蒙特利尔长大，是瑞士移民的孩子，她说他们“从来没有被同化过。”他们经常回瑞士探亲，她的祖父把他的地下室当作家庭工坊，用于木材和金属的加工。当伊娃·诺尔来访时，他会问：“你今天想做点什么东西？”她还在她的瑞士血统里发现了其他的东西：许多瑞士艺术家，包括麦克斯·比尔（Max Bill）、索菲·陶柏尔-阿尔普（Sophie Taeuber-Arp）和汉斯·亨特赖特（Hans Hinterreiter），都深受20世纪初开始于俄罗斯的建构主义艺术运动的影响。建构主义很受欧几里得几何的影响，强调实用主义与抽象思维。

作为瑞士建筑学家之一的亨特赖特，创造了一些扭曲的镶嵌图样，看起来有点像埃舍尔的原始而传统的版画的任性的表亲。他还开发了一套产生图案的艺术词汇。当诺尔发现亨特赖特前，她也一直在发展自己的艺术词汇，但亨特赖特的工作对诺尔提炼自己的方法很有帮助。诺尔说：“我试着将同样的方法用到我的图案中。”

在诺尔的工作中，引起强烈共鸣的数学学科是“抽象代数”，这是一个较广泛的数学分支学科，涉及各种数学结构以及描述它们之间相互作用的规则。“抽象代数”中包含的思想常常可以用视觉形象来解释。（有关代数的更多信息，请参见“艺术背后的数学：代数的多重含义”，第226页。）

诺尔曾用各种材料创作作品，包括纸张、织物和木头。她画画、编织、编串珠、制作折纸并在纸和布上制作版画。她被具有内在数学特征的艺术过程吸引住了。它们使人们更容易找到抽象问题的关键之处。

诺尔说：“我在材料技术方面发现了这些问题。”下页上这幅名为《黄色条纹研究》的

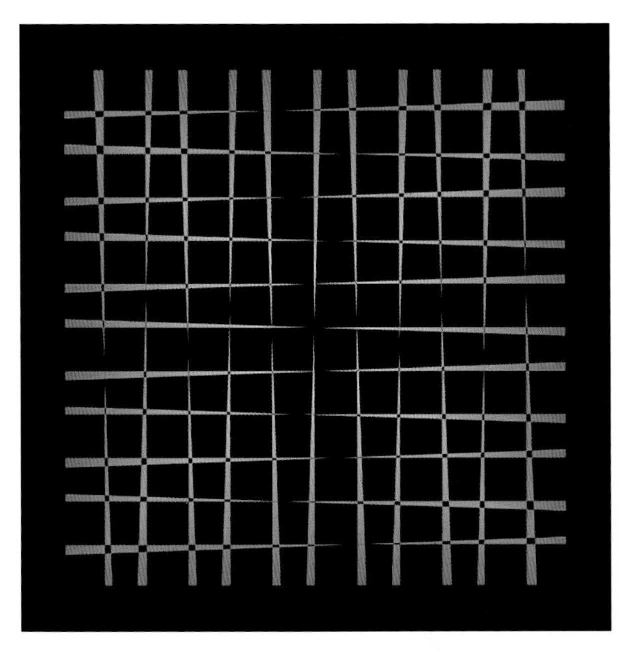

▲ 伊娃·诺尔的《黄色条纹研究》，用一个熟悉的笛卡尔图的数轴来展示当一个图案重叠放置在另一个图案的上面时，微妙的图像是如何出现的。

版画使用不同粗细度的线像坐标轴那样交叉纺织，产生了看来十分微妙的阴影干涉图案。

第 220 页上的那幅作品展示了诺尔是如何利用纺织来创造数学艺术的。

她说："当我学会纺织时，我发现织布机的许多设计都涉及数字图案，因为你在计算需要用多少字符来代表多少根经线和纬线。"织布工用不同字符串组来改变织机的动作。"这与数论和模块化算术思维是一致的。"如果我设计了一个需要几何思维的图案，我就会发现数学在哪里。"

让你的眼睛放松一下，再看看本章开头的那幅作品。

很快，你就可以看到一个有点虚幻的方形对角线图案，似乎悬浮在这件作品上。这是诺尔用斜纹方法织造的，斜纹是一种用不同颜色纱线产生对角线图案的编织方法。（即使你不知道斜纹这个词汇，你也应该对它很熟悉，它常常用来织造蓝色牛仔裤的布料。）然而，诺尔改变了模式重复的频率，一种是 8 倍，另一种是 7 倍。

7 和 8 两个数是互素的，这意味着它们没有共同的素数因子。因此，对角线形状的浮动图案之间略有不同，这种差异导致了这幅作品内在的变幻效果。

诺尔不想让她创造的图案太简单，看起来很呆板，但她又不想图案太烦琐而复杂，以致在织物的纹理中无法表现出来。这种对平衡的追求对她的工作推动很大。她首先研究了一种技术机制，然后在数学上去确定实现的可能性。

诺尔说："这是数学与技术在织物图案方面的结合，那就是我找到灵感的地方。"

如何用代数来纺织

纺织自然而然地走上数学之路。阿达·迪茨（Ada Dietz）是一位数学老师，她在 1950 年去世，在她去世前五年，她颠覆了整个纺织世界。纺织是一门古老的艺术和手工技术，但是在 20 世纪 40 年代，迪茨用代数知识设计了新的方法来探索图案模式，现代织布者继续从她的想法中获得灵感。迪茨不是因为她的具体作品而被人记住，而是因为使用她的技术，编织者可以自己创造图案。她做到了一件新的、意想不到的事情：她将严谨的代数灌输到手工艺品之中。

迪茨在加利福尼亚州长滩市教数学。她在 1949 年写了《手工纺织品中的代数表达式》（*Algebraic Expressions in Handwoven Textiles*）一书。其中写道："纺织图案的名字一直让我很感兴趣。"这本书明确介绍了代数纺织。她的纺织方法是对传统方法的一种颠覆。

以前纺织工匠们都是首先想象出一种图案模式，并动手纺织使其成为现实，然后再将其命名。迪茨做的事情恰恰相反：她先从命名开始。作为数学教师的她意识到，在代数中的名称往往是事物本身的名称。

1946 年 8 月，迪茨开始试验代数纺织法，她最先用的是二项式。二项式是一个有两个项的代数表达式。比如 $x + 5$ 是二项式，$z + y$ 也是。她早期的模式之一集中在二项式的平方上，比如可以写成这样：$(x + y)^2$，也可以将其写为 $(x + y)(x + y)$，如果记住中学学过的"前-外-内-后"的规则，则可以再次将其改写为 $x^2 + xy + xy + y^2$，迪茨然后将它展开写成：$xx + xy + xy + yy$。而她关注的只是变量名，加号可以去掉，于是就写成：$xx\ xy\ xy\ yy$。最后，她重组了一下写成字符串：$xxx\ y\ x\ yyy$。

在代数中，我们经常被教导要为这些变量求解，而"求解"意味着我们为每个变量找到一个数值。但迪茨认为，这些字母实际上并不代表数字。那么这些字母代表什么呢？

织布机使用一种被称为综框的长杆，在织布时用来操纵经线组的上升和下降，在上下交错的经线组之间形成了用于携带纬线的梭子穿过的通道。例如，综框可以提升或降低相同颜色的经线组。

大多数织机有四个综框。迪茨发现了代数和纺织的一种联系：她将其中的两个综框用二项展开式中的 x 变量控制，另两个综框两个用 y 变量控制。

她用变量名 x 和 y 在她的代数表达式中的排列顺序告诉机器如何升降综框，这些综框的动作就控制了颜色和图案的设计。

三项展开式和二项展开式会产生不同的颜色分布（三个变量相加或相减，按某个方次展开，变化更加复杂）。多项式按不同幂指数展开也会导致新的设计。

1948 年，她把一种基于 $(a+b+c+d+e+f)^2$ 代数展开式产生的奇特的花布图案送到“乡村集市”，这是在肯塔基州路易斯维尔南部的一座小山岗上的小纺织厂里举行的一年一度的节日。这个小纺织厂现在还在那里，并提供纺织课程；它的创始人卢·塔特（Lou Tate）常为埃莉诺·罗斯福（Eleanor Roosevelt）* 提供纺织品。肯塔基州的织布工匠们对迪兹的创意大为惊叹，于是她就开始与织布厂商合作生产颜色鲜明的新图案。

她写的《手工纺织品中的代数表达式》一书中包含不少有趣而轻松的语句，这些句子显示了代数和纺织是如何相互交流的，例如她说：“如果你用‘夏天’和‘冬天’来建立了一个代数方程，也可以试一下用‘星星’和‘钻石’来列方程，你会得到一些赏心悦目的花纹。”迪兹可能不知道她的代数纺织方法会继续存在，但她将自己的新的激情和全部生命融进入了一门古老的艺术，推动了这门艺术继续蓬勃发展。

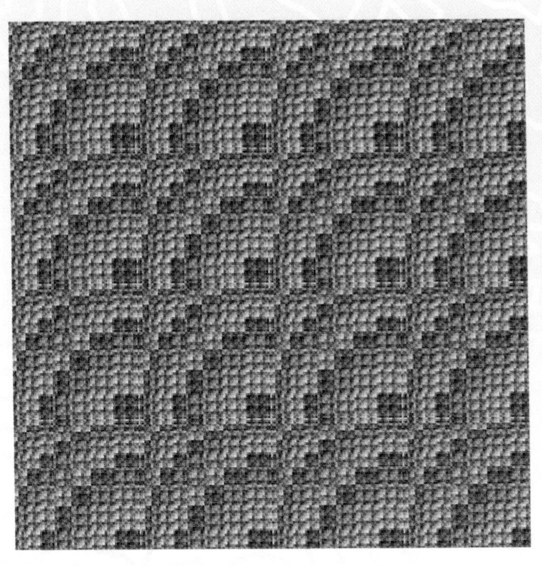
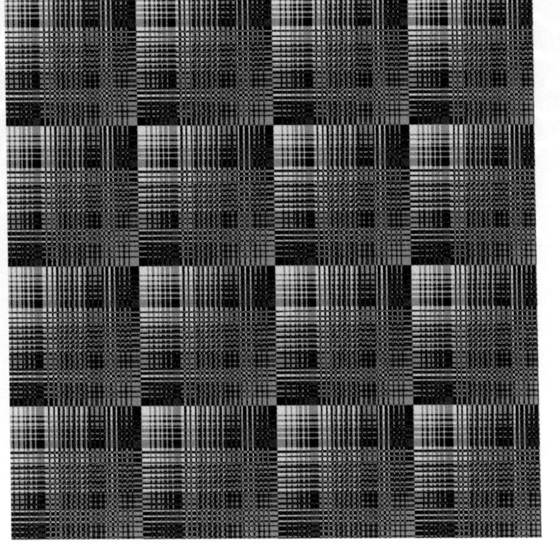

▲ 阿达·迪茨使用代数来创建一个新的编织设计系列。这些图案模式是使用 Wolfram CDF Player（一款交互式计算机设计软件）生成的，遵循高阶多项式的展开规则。

---

* 美国总统罗斯福的夫人。

艺术背后的数学：代数的多重含义

碎片的重聚

伊娃·诺尔对于她的彩色纺织系列（见对页）使用了一种算法，一种数学秘诀，来决定如何对网格着色，一些组成了方块，一些组成了圆圈。结果产生了易于被眼睛分辨的重复的颜色序列，并导致了“抽象代数”领域中有趣的研究。

“抽象代数”是大多数人在上大学之前都不会遇到，至少不会正式地学习的科目，但诺尔的艺术提供了接触“抽象代数”的另一种方式。这个研究领域与对象集合的结构和规则有关。这些对象可能是集合、群或其他数学实体。你在中学学到的代数，只不过是对浩瀚的现代代数宝库的粗浅而遥远的一瞥。在中学里学的代数，我们学习讨论变量对运算的反应，而不必具体说明这些变量到底代表什么数字。代数老师教我们，求解 x（或 y 或 a 或 b 或其他变量），合并同类项，或完成平方运算。告诉我们展开二项式的技术秘诀（前–外–内–后）。（关于使用这种代数的艺术家，见前几页的阿达·迪茨，“如何用代数纺织”。她的纺织作品，在某种意义上可能是这个秘诀在整个数学艺术史上的最高艺术表现。）

不幸的是，代数作为最先介绍给中学生的抽象数学课，通常是被嘲笑的对象。作为一名前数学老师，我建议代数至少在我们美国教育中应该是第一课程，但在美国教育中那些传统的不同意见者经常大声叫嚷：这门课有什么用呢？

据我们所知，历史上第一本代数教科书是用阿拉伯语编写的。它的标题在英语中的意思大概是“关于完成和平衡计算的简明课本”。它是由住在巴格达的才华横溢的波斯数学家和博物学家，穆罕默德·伊本·穆萨·花剌子密在公元 825 年左右写成的（见第 159 页）。再看看标题译成的拉丁文版本 algebra，你就可以明白 algebra 一词的起源。这是一种拼写错误，音译的 al-ǧabr，在阿拉伯语中意思是，“碎片的重聚”。

看来，代数是一种康复过程，代数学家是抽象事物的治疗者。当我们做代数时，我们把碎片重新组合在了一起。

▲ 来自伊娃·诺尔的彩色波纹系列的作品。

代表数字的字母

到了 14 世纪，在英语中，“algeber”一词开始指的是“正骨法”，骨头断了之后进行的固定和治疗。从某种意义上说，这很合适。我们中的大多数人都知道代数有一系列课程，你在其中学习如何解方程。学习如何将方程绘制成曲线。我们讨论变量的定义域（也是多萝西娅·洛克伯尼绘画作品的名称）和二次方程。你学到的许多代数定理都出现在花剌子密的书中（虽然它最多只解决了二次方程）。

几个世纪以来，花剌子密被誉为代数之父，但他并没有发明这整个领域，也没有宣称他拥有这个领域。花剌子密的书可能是第一本搜集代数知识的教科书。一本用阿拉伯语写的书。在他的序言中，花剌子密说他是应哈里发的要求写这本书的，哈里发国王想要一本关于这个课题的通俗书。

代数，和其他深入研究数字和图形的工具一样，是一个长达几个世纪的探索和积累，在不同的文化中蓬勃发展。巴比伦人、印第安人、埃及人和希腊人都有自己的方法，可以解决我们今天在代数中遇到的问题。在公元 3 世纪，希腊数学家丢番图（Diophantus）出版了一本《算法》，这是一本由 130 个代数问题及其数值解法的合集。今天，数学家把“丢番图方程”称为求多项式方程的整数解。

数学历史上最著名的问题之一就是一个丢番图方程，它看起来是这种形式：$x^n + y^n = z^n$。指数 n 代表自然数 1、2、3 等。如果 $n = 1$，则方程变得相当简单。你能找到三个数字 （x, y, z）使得 $x + y = z$ 吗？（当然可以，比如：1 + 2 = 3）。

如果 $n = 2$，丢番图的方程变得复杂一点，但我们仍很熟悉：$x^2 + y^2 = z^2$。该表达式在毕达哥拉斯定理中表现为描述直角三角形的边的一种关系，有无限多组解。很多数字都满足这个方程。比如（3, 4, 5），因为 9 + 16 = 25。还有（5, 12, 13），因为 25 + 144 = 169。

但是关于更大的 n 值呢？ 17 世纪数学家皮埃尔·德·费马（Pierre de Fermat）有一些想法，他在《算法》一书的边缘上，把这些想法用拉丁文写了一些笔记，但这个原件丢失了，后来费马的儿子在他父亲去世后找到并复制了它，然后发表出来。费马曾写过，任何数的立方都不可能是两个数的立方之和，或者任何数的四次方都不可能是两个数的四次方之和，对于任何更高的整数方次，这个等式都是不可能成立的。但他真的证明了吗？答案是否定的。确实，费马写下过一句话，几个世纪以来令数学家们兴奋不已而又沮丧不已，这句话是——“我发现了关于这个命题的一个非常奇妙的证明方法，但是这个纸边太狭窄，写不下。”

他也可以写，他可以把铅变成金子，但没有写下这个秘法；或者埋了一笔财宝，但失去了藏宝图。在 300 年的时间里，数学家们一直不间断地寻找费马定理的证明。最终在 1995 年，英国数学家安德鲁·怀尔斯（Andrew Wiles）完成并发表了他对这个定理的证明。奇怪的是，怀尔斯的证明使用的数学工具，在费马时代以后很长时间才开发出来。这就意味着问题依然存在：费马的“非常奇妙的证明方法”是什么？

所有的代数

在数学中，代数一词有许多含义。

首先，它可以是上面谈到的工具和技术的集合，即你在高中代数课程中学到的各种方法。

其次，在本科或研究生水平的数学中也有代数课，通过严格学习抽象的数学形式，比如群、环，还有域，来培养有志于钻研的数学学生。为了减少学生们的困惑，这门课通常被称为“抽象代数”*；它的定理控制着伊娃·诺尔在彩色纺织作品中出现的图案。

再次，我们也会遇到“线性代数”这个词，它集中研究线性方程组和它们变换的所有方法。（一个二元线性方程，如果你把它画在图上，是一条直线。）

最后，在某种技术层面上，代数这个词可以用来描述具有某种结构的数字或对象的集合，其中的细节我们不在这里讨论。但是，你很可能通过学习上面提到的“抽象代数”课程来学习。在这个意义上，有许多不同的代数，包括但不限于：巴拿赫代数、罗宾斯代数、克利福德代数、外代数、李代数、冯·诺依曼代数、舒尔代数和半单代数。

通过所有这一切的定义，我们看到代数从“正骨法”扩展成了一个广泛的学科。如果你准备测试你自己的代数技能，请看下面。阿基米德有东西要考考你。

---

* 在国内大学这门课程通常被称为“近世代数”。

自己动手做代数：太阳神的牛群问题

这个问题据说是阿基米德给我们留下的。这是一个真正的巨大问题，像一次严重的骨折，需要巨大的耐心来治疗。这个问题涉及大量的牛。事情是这样的：

太阳神有一群由公牛和奶牛组成的牛群，其中第一种是白色的，第二种是黑色的，第三种是有斑点的，第四种是棕色的。

在公牛中：

白色公牛数量多于棕色公牛，多出的头数是黑色公牛的一半加三分之一；

黑色公牛数量多于棕色公牛，多出的头数是斑点公牛的四分之一加五分之一；

斑点公牛数量多于棕色公牛，多出的头数是白色公牛的六分之一加七分之一；

在奶牛中：

白色奶牛数量等于黑色牛群（包括公牛和奶牛）数量的三分之一加四分之一；

黑色奶牛数量等于斑点牛群（包括公牛和奶牛）数量的四分之一加五分之一；

斑点奶牛数量等于棕色牛群（包括公牛和奶牛）数量的五分之一加六分之一；

棕色奶牛数量等于白色牛群（包括公牛和奶牛）数量的六分之一加七分之一；

问：太阳神的牛群的组成？

答案：

10 366 482 头白色公牛

7 460 514 头黑色公牛

7 358 060 头斑点公牛

4 149 387 头棕色公牛

7 206 360 头白色奶牛

4 893 246 头黑色奶牛

3 515 820 头斑点奶牛

5 439 213 头棕色奶牛

参考文献

Abbott, Edwin Abbott. *Flatland: A Romance of Many Dimensions.* Seeley & Company. London: Seeley & Company, 1884.

Aschbacher, Michael, editor. *The Classification of Finite Simple Groups: Groups of Characteristic 2 Type.* Providence, RI: American Mathematical Society, 2011.

Bellos, Alex, and Edmund Harriss. *Patterns of the Universe: A Coloring Adventure in Math and Beauty.* New York: The Experiment, 2015.

Conway, John Horton, et al. *The Symmetries of Things.* Boca Raton, FL: A. K. Peters, 2008.

Coxeter, Harold S. M. *Introduction to Geometry.* 2nd ed. New York: Wiley, 1989.

Dietz, Ada. *Algebraic Expressions in Handweaving.* Louisville, KY: Little Loomhouse, 1949.

Escher, Maurits C., et al., editors. *Escher: The Complete Graphic Work.* London: Thames and Hudson, 1993.

Farris, Frank A. *Creating Symmetry: The Artful Mathematics of Wallpaper Patterns.* Princeton, NJ: Princeton University Press, 2015.

Ferguson, Claire, and Helaman Ferguson. *Helaman Ferguson: Mathematics in Stone and Bronze.* Erie, PA: Meridian Creative Group, 1994.

Field, Michael. "The Design of 2-Colour Wallpaper Patterns Using Methods Based on Chaotic Dynamics and Symmetry." *Mathematics and Art.* Berlin: Springer, 2002, pp. 43–60. link.springer.com, doi:10.1007/978-3-662-04909–9_4.

Friedman, Nathaniel A. "Hyperseeing, Knots, and Minimal Surfaces." *Mathematics and Art.* Berlin: Springer, 2002, pp. 223–32. link.springer.com, doi:10.1007/978-3-662-04909-9_24.

Gamwell, Lynn. *Mathematics + Art: A Cultural History.* Princeton, NJ: Princeton University Press, 2016.

Hart, George W. "Computational Geometry for Sculpture." *Proceedings of the Seventeenth Annual Symposium on Computational Geometry*, ACM, 2001, pp. 284–87. ACM Digital Library, doi:10.1145/378583.378696.

———. "Solid-Segment Sculptures." *Mathematics and Art*, Berlin: Springer, 2002, pp. 17–27. link.springer.com, doi:10.1007/978-3-662-04909-9_2.

Hauer, Erwin. *Erwin Hauer: Continua Architectural Screens and Walls.* New York: Princeton Architectural Press, 2004.

Hawking, Stephen, editor. *God Created the Integers: The Mathematical Breakthroughs That Changed History,* new edition. Philadelphia: Running Press, 2007.Hilbert, David. "Ueber die stetige Abbildung einer Linie auf ein Flächenstück." *Mathematische Annalen*, vol. 38, 1891, pp. 459–60.

Horgan, John. *Mandelbrot Set-To. Scientific American,* vol. 262, no. 4, Apr. 1990, pp. 30–35.

Hunt, Bruce. "A Gallery of Algebraic Surfaces." *Mathematics and Art.* Berlin: Springer, 2002, pp. 237–66. link.springer.com, doi:10.1007/978-3-662-04909-9_26.

Jespersen, Bjarne. *Woodcarving Magic.* East Petersburg, PA: Fox Chapel, 2012.

Johnson, Crockett. "On the Mathematics of Geometry in My Abstract Paintings." *Leonardo*, vol. 5, no. 2, 1972, pp. 97–101.

Karcher, Hermann. "The Triply Periodic Minimal Surfaces of Alan Schoen and Their Constant Mean Curvature Companions." *Manuscripta Mathematica*, vol. 64, no. 3, Sept. 1989, pp. 291–357. link.springer.com, doi:10.1007/BF01165824.

Kline, Morris. *Mathematics for the Nonmathematician.* New York: Dover, 1985.

Koch, Helge. "Sur Une Courbe Continue sans Tangente, Obtenue par une Construction Géométrique Élémentaire." *Arkiv F. Mat, Astr. Och Fys.*, no. 1, 1929, pp. 681–702.

———. *Mathematics in Western Culture.* Print., Last digit: 20, London: Oxford University Press, 2002.

Lovatt, Anna. "Dorothea Rockburne: Intersection." *October*, vol. 122, 2007, pp. 31–52.

Mandelbrot, Benoit B. *The Fractal Geometry of Nature. New York:* W. H. Freeman, 1982.

Nel, Philip. *Crockett Johnson and Ruth Krauss: How an Unlikely Couple Found Love, Dodged the FBI, and Transformed Children's Literature.* Jackson, MI: University Press of Mississippi, 2012.

O'Neill-Butler, Lauren. "Dorothea Rockburne,"*Artforum.* https://www.artforum.com/interviews/dorothea-rockburne-talks-about-her-retrospective-28576. Accessed July 24, 2018.

Peano, Giuseppe. "Sur Une Courbe, Qui Remplit Toute Une Aire Plane." *Mathematische Annalen*, vol. 36, 1890, pp. 157–60.

Peterson, Ivars. *Fragments of Infinity: A Kaleidoscope of Math and Art.* New York: Wiley, 2001.

Plato, and Dorothea Frede. *Philebus.* Indianapolis: Hackett, 1993.

Poincaré, Henri, and Francis Maitland. *Science and Method.* New York: Cosimo Classics, 2007.

Prevallet, Kristin. "John Sims: Celebrating Pi Day with a Political Math Artist." *Guernica*, Mar. 2016.

Reuben, Ernesto, et al. "How Stereotypes Impair Women's Careers in Science." *Proceedings of the National Academy of Sciences*, vol. 111, no. 12, Mar. 2014, pp. 4,403–08. *www.pnas.org*, doi:10.1073/pnas.1314788111.

Roberts, Siobhan. *King of Infinite Space: Donald Coxeter, the Man Who Saved Geometry.* New York: Walker, 2006.

Schoen, Alan. "Infinite Periodic Minimal Surfaces Without Self-Interactions." *NASA Technical Note*, May 1970, https://ntrs.nasa.gov/archive/nasa/casi.ntrs.nasa.gov/19700020472.pdf.

Schoen, Alan H. "Reflections Concerning Triply-Periodic Minimal Surfaces." *Interface Focus,* vol. 2, no. 5, Oct. 2012, pp. 658–68. *rsfs.royalsocietypublishing.org*, doi:10.1098/rsfs.2012.0023.

Segerman, Henry. *Visualizing Mathematics with 3D Printing.* Baltimore: Johns Hopkins University Press, 2016.

Shrestha, Sujan. "Mathematics Art Music Architecture Education Culture." *Nexus Network Journal*, 2018.

Sims, John, et al. *Rhythm of Structure: Mathematics, Art and Poetic Reflection.* Sarasota, FL: Selby Gallery, Ringling College of Art and Design, 2011.

———. "Trees, Roots and a Brain: A Metaphorical Foundation for Mathematical Art." *Mathematics and Culture II.* Berlin: Springer, 2005, pp. 163–70. *link.springer.com*, doi:10.1007/3-540-26443-4_14.

Stewart, Ian. *Symmetry: A Very Short Introduction.* London: Oxford University Press, 2013.

Stillwell, John. *Mathematics and Its History,* 3rd ed. New York: Springer, 2010.

Taimina, Daina. *Crocheting Adventures with Hyperbolic Planes: Tactile Mathematics, Art, and Craft for All to Explore,* 2nd ed. Boca Raton: CRC Press, Taylor & Francis Group, 2018.

Tuchman, Phyllis. "Dorothea Rockburne's Ephemeral Art and Enduring Legacy." *The New York Times*, May 4, 2018. *https://www.nytimes.com/2018/05/04/arts/design/dorothea-rockburne-artist-dia-beacon.html.*

Verostko, Roman. "Epigenetic Painting: Software as Genotype." *Leonardo*, vol. 23, no. 1, 1990, pp. 17–23.

Wallace, David Foster. *Everything and More: A Compact History of Infinity.* New York: W. W. Norton, 2010.

Wells, D. G. *The Penguin Dictionary of Curious and Interesting Geometry.* New York: Penguin Books, 1991.

Weyl, Hermann. *Symmetry,* Princeton Science Library edition, Princeton, NJ: Princeton University Press, 2016.

Zeki, Semir, et al. "The Experience of Mathematical Beauty and Its Neural Correlates." *Frontiers in Human Neuroscience*, vol. 8, 2014. *Crossref, doi:10.3389/fnhum.2014.00068.*

关于作者

作者斯蒂芬·奥内斯（Stephen Ornes）在美国田纳西州纳什维尔生活和工作，获得过科学和数学奖。除了写作关于数学和艺术的交叉融合的文章之外，他还写了关于野猪入侵问题的文章；最大的数学证明（以及它引起争议的原因）；以及关于太阳系如何实现其构造的理论。《科学的美国人》《发现》《新科学家》《美国国家科学院院刊》《学生科学新闻》和其他出版物都发表过他的故事。他的作品得到了 AAAS/ Kavli 基金会，美国记者和作家协会，以及休斯敦卫理公会医院的奖励。

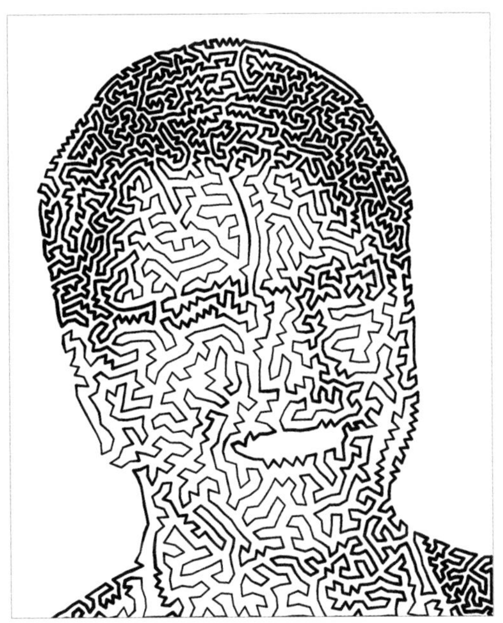

▲ 作者（左图）和“货郎担问题”求解的最短路径肖像画（右图）

图书在版编目（CIP）数据

数学艺术 /（美）斯蒂芬·奥内斯 (Stephen Ornes)
著；杨大地译 . – 重庆：重庆大学出版社，2021.3
（里程碑书系）
书名原文：Math Art
ISBN 978-7-5689-2415-3
Ⅰ . ①数… Ⅱ . ①斯… ②杨… Ⅲ . ①数学 – 普及读
物 Ⅳ . ① O1-49

中国版本图书馆 CIP 数据核字 (2020) 第 166403 号

数学 艺术

SHUXUE YISHU

[美] 斯蒂芬·奥内斯 著
杨大地 译

责任编辑：王思楠
责任校对：刘志刚
装帧设计：鲁明静
内文制作：王 巍
责任印制：张 策

重庆大学出版社出版发行
出版人：饶帮华
社址：（401331）重庆市沙坪坝区大学城西路 21 号
网址：http://www.cqup.com.cn
印刷：北京利丰雅高长城印刷有限公司
开本：787mm × 1092mm 1/16 印张：15 字数：294 千字
2021 年 3 月第 1 版 2021 年 3 月第 1 次印刷
ISBN 978-7-5689-2415-3 定价：88.00 元

Originally published in 2019 in the United States by Sterling Publishing Co. Inc.
under the title Math Art: Truth, Beauty, and Equations.
This edition has been published by arrangement with Sterling Publishing Co.,Inc.,
1166 Avenue of the Americas, New York, NY, USA, 10036.

版贸核渝字（2019）第 174 号